装备保障信息化技术与应用

凌海风　江勋林　柏林元　贺伟雄　著

国防工业出版社
·北京·

内 容 简 介

信息技术是用于管理和处理信息所采用的各种技术的总称，主要应用计算机科学和通信技术等来设计、开发、安装和实施信息系统及应用软件。装备保障信息化是指在军队装备保障体系中，综合运用以信息技术为核心的现代电子科学技术和装备保障理论，围绕装备保障体系的各个环节和各项保障活动，使装备保障信息在整个装备保障体系中快速、流畅、有规律地流动，并通过对装备保障信息的使用和转化，对部队快速、持续地精确保障，提高装备保障效能的动态发展过程。本书围绕装备保障信息的全寿命管理，对装备保障信息的采集、传输、存储和可视化分析，以及装备保障管理信息系统的开发、集成、运维和安全管理等技术进行了全面介绍，并对其在装备保障信息化建设领域的应用提出了设计方案和建议。

本书适于用作军事高等院校军事装备学、装备作战指挥、计算机技术等相关专业硕士研究生和博士研究生的教材或参考书，也可供军队从事装备保障信息化工作的领导、部门负责人和技术人员参考使用。

图书在版编目(CIP)数据

装备保障信息化技术与应用/凌海风等著.—北京：
国防工业出版社，2023.5
ISBN 978-7-118-12978-6

Ⅰ.①装… Ⅱ.①凌… Ⅲ.①武器装备—后勤保障—信息化 Ⅳ.①E144

中国国家版本馆 CIP 数据核字(2023)第 082020 号

※

*国防工业出版社*出版发行
(北京市海淀区紫竹院南路 23 号　邮政编码 100048)
三河市腾飞印务有限公司印刷
新华书店经售

*

开本 710×1000　1/16　印张 13¾　字数 242 千字
2023 年 5 月第 1 版第 1 次印刷　印数 1—1500 册　定价 88.00 元

(本书如有印装错误，我社负责调换)

国防书店：(010)88540777	书店传真：(010)88540776
发行业务：(010)88540717	发行传真：(010)88540762

前言

当前发达国家军队的战斗力生成模式正加速由平台主导向信息主导转变。军队信息化建设需要综合集成和高效利用各种军事资源，实现各要素各系统的融合，以实现军队整体作战能力的跃升和全面发展。装备保障信息化建设作为军队信息化建设的重要一环，要综合运用各类信息技术，围绕整个装备保障体系开展建设，实现装备的精细管理和精确保障。

本书围绕装备保障信息采集、传输、存储、处理、应用、反馈的全过程，对装备保障信息的采集、传输、存储和可视化分析，以及装备保障管理信息系统的开发、集成、运维和安全管理等技术进行了全面介绍，并结合部队装备保障信息化建设及其未来发展，对各技术在装备保障信息化建设领域的实际应用提出了具体设计方案。

本书由陆军工程大学凌海风、柏林元，陆军步兵学院江勋林、武警部队研究院贺伟雄等撰写，陆军工程大学陈赵懿博士参与了统稿工作。

本书的撰写和发表得到了"军队双重建设"（军队重点院校和重点学科专业建设）项目和陆军装备科研项目（LJ20202C050445）的经费资助，也得到了我军各军兵种装备机关领导和专家的指导帮助，在此深表谢意！

由于作者经验和水平有限，本书内容难免存在疏漏和不妥之处，衷心希望广大读者提出宝贵的意见和建议。

作者

2022 年 8 月于南京

目录

第1章　绪论 ··· 001

1.1　基本概念 ··· 001
1.1.1　信息 ··· 001
1.1.2　信息系统 ··· 003
1.1.3　信息化 ··· 004
1.1.4　信息技术 ··· 006

1.2　装备保障信息化概述 ··· 009
1.2.1　装备保障信息化的概念 ··· 009
1.2.2　装备保障信息化的主要任务 ··· 009
1.2.3　装备保障信息化关键技术 ··· 010

1.3　本书的体系结构 ··· 011

第2章　装备保障信息采集技术 ··· 013

2.1　信息采集技术概述 ··· 013
2.1.1　信息采集的基本要求 ··· 013
2.1.2　信息采集的主要方式和技术 ··· 013

2.2　自动识别技术 ··· 014
2.2.1　自动识别技术的分类 ··· 015
2.2.2　自动识别系统的模型 ··· 015
2.2.3　典型自动识别技术 ··· 016

2.3　传感器技术 ··· 018
2.3.1　传感器的定义与组成 ··· 018
2.3.2　传感器的分类 ··· 018
2.3.3　传感器数据采集系统 ··· 020

2.4　网络信息采集技术 ··· 021
2.4.1　埋点 ··· 021
2.4.2　系统日志数据采集 ··· 022

  2.4.3 网络爬虫技术 ·· 024
 2.5 装备保障信息采集感知框架 ··· 028

第3章 装备保障信息传输技术 ··· 030

 3.1 信息传输技术概述 ··· 030
  3.1.1 信息传输技术的概念 ··· 030
  3.1.2 信息传输基础技术 ··· 031
  3.1.3 网络传输技术 ·· 032
 3.2 计算机网络 ··· 033
  3.2.1 计算机网络概述 ··· 033
  3.2.2 计算机网络的分类 ··· 034
  3.2.3 计算机网络的性能指标 ··· 037
 3.3 军事通信技术与网络 ··· 040
  3.3.1 军事通信技术 ·· 040
  3.3.2 军事通信网络 ·· 042

第4章 装备保障信息存储技术 ··· 046

 4.1 信息存储概述 ··· 046
  4.1.1 信息存储的主要原则 ··· 046
  4.1.2 信息存储设备 ·· 047
  4.1.3 多级存储系统 ·· 047
 4.2 磁盘与磁盘阵列 ··· 049
  4.2.1 磁盘 ·· 049
  4.2.2 硬盘接口技术 ·· 051
  4.2.3 磁盘阵列技术 ·· 054
 4.3 传统网络存储系统 ··· 059
  4.3.1 直连式存储 ·· 059
  4.3.2 网络附加存储 ·· 060
  4.3.3 存储区域网络 ·· 061
 4.4 分布式存储系统 ··· 063
  4.4.1 分布式文件系统 ··· 063
  4.4.2 分布式键值系统 ··· 064
  4.4.3 分布式表格系统 ··· 064
  4.4.4 分布式数据库 ·· 065
 4.5 装备保障信息存储架构设计 ··· 065

4.5.1　装备保障信息存储概述 ……………………………………… 065
　　　4.5.2　华为 OceanStor V5 融合存储系统简介 …………………… 068
　　　4.5.3　基于 OceanStor V5 的装备保障信息存储系统设计 ……… 070

第 5 章　装备保障信息系统开发技术 …………………………………… 075

5.1　信息系统的开发模型 …………………………………………… 075
　　　5.1.1　瀑布模型 ……………………………………………………… 075
　　　5.1.2　迭代式开发 …………………………………………………… 076
　　　5.1.3　快速原型模型 ………………………………………………… 077
　　　5.1.4　螺旋开发 ……………………………………………………… 077
　　　5.1.5　敏捷开发 ……………………………………………………… 078

5.2　信息系统架构的演变 …………………………………………… 079
　　　5.2.1　单体应用架构 ………………………………………………… 080
　　　5.2.2　垂直应用架构 ………………………………………………… 080
　　　5.2.3　分布式服务架构 ……………………………………………… 081
　　　5.2.4　面向服务的架构 ……………………………………………… 082
　　　5.2.5　微服务架构 …………………………………………………… 083

5.3　信息系统开发技术 ……………………………………………… 084
　　　5.3.1　Java Web 应用开发技术 ……………………………………… 085
　　　5.3.2　移动平台开发技术 …………………………………………… 097

5.4　装备保障信息系统架构设计 …………………………………… 102
　　　5.4.1　装备保障信息系统的架构设计原则 ………………………… 102
　　　5.4.2　基于云计算和 SOA 的装备保障信息系统架构 …………… 103

第 6 章　装备保障信息系统集成技术 …………………………………… 107

6.1　信息系统集成概述 ……………………………………………… 107
　　　6.1.1　信息系统集成的概念 ………………………………………… 108
　　　6.1.2　信息系统集成的目标和原则 ………………………………… 108
　　　6.1.3　信息系统集成的方式 ………………………………………… 109
　　　6.1.4　信息系统集成的发展 ………………………………………… 111

6.2　典型信息系统集成技术和方法 ………………………………… 112
　　　6.2.1　网络集成技术 ………………………………………………… 112
　　　6.2.2　数据集成技术 ………………………………………………… 113
　　　6.2.3　基于中间件的集成技术 ……………………………………… 117
　　　6.2.4　SOA 集成相关技术 …………………………………………… 118

####### 6.2.5 微服务集成的主要技术 ··· 120
####### 6.2.6 华为企业集成平台 ROMA ··· 123
6.3 装备保障信息系统集成 ··· 126
####### 6.3.1 装备保障信息系统集成需求 ·· 126
####### 6.3.2 装备保障信息网络的集成 ·· 127
####### 6.3.3 装备保障信息系统集成平台设计 ·· 128

第7章 装备保障信息系统运维技术 ··· 131

7.1 系统运维概述 ·· 131
####### 7.1.1 系统运维的概念 ··· 131
####### 7.1.2 系统运维的发展 ··· 132
####### 7.1.3 系统运维工作的主要内容 ·· 133
7.2 系统运维参考标准体系 ·· 134
####### 7.2.1 ITIL ·· 134
####### 7.2.2 ISO/IEC 20000 ·· 136
####### 7.2.3 国家信息技术服务标准 ITSS ··· 136
####### 7.2.4 ISO/IEC 20000、ITIL 和 ITSS 的对比分析 ···························· 137
7.3 系统运维关键技术 ·· 138
####### 7.3.1 自动化运维关键技术 ··· 138
####### 7.3.2 DevOps 运维一体化技术 ·· 140
####### 7.3.3 AIOps 运维技术 ··· 146
7.4 装备保障信息系统运维体系建设 ·· 149
####### 7.4.1 运维体系建设的原则 ··· 149
####### 7.4.2 运维体系建设的步骤 ··· 150
####### 7.4.3 自动化运维体系的总体结构 ·· 151

第8章 装备保障信息系统数据可视化技术 ······································ 155

8.1 数据可视化概述 ··· 155
####### 8.1.1 数据可视化与信息可视化 ·· 155
####### 8.1.2 数据可视化的过程 ··· 156
####### 8.1.3 数据可视化应用的分类 ··· 158
####### 8.1.4 数据可视化的发展趋势 ··· 159
8.2 典型数据可视化技术和工具 ··· 160
####### 8.2.1 基础入门工具 ·· 161
####### 8.2.2 开发工具 ··· 162

  8.2.3 数据地图 ··· 163
  8.2.4 商业智能分析 ······································ 165
  8.2.5 可视化大屏设计工具 ································ 166
  8.2.6 数据可视化进阶工具 ································ 168
 8.3 数据可视化常用图表 ·· 170
  8.3.1 数据可视化图表选择 ································ 170
  8.3.2 典型图表类型 ······································ 171
 8.4 基于阿里云 DataV 的装备保障可视化大屏设计 ·············· 173
  8.4.1 可视化大屏设计基本要求 ···························· 173
  8.4.2 大屏设计的基本步骤 ································ 173
  8.4.3 基于 DataV 的装备保障可视化大屏设计 ················ 174

第9章 装备保障信息系统安全技术 ·························· 180

 9.1 信息系统安全概述 ·· 180
  9.1.1 信息系统安全的概念 ································ 180
  9.1.2 信息系统的安全目标 ································ 181
  9.1.3 信息系统的安全威胁 ································ 181
  9.1.4 信息系统的安全策略 ································ 182
  9.1.5 信息安全等级保护制度 ······························ 183
  9.1.6 信息系统安全技术分类 ······························ 183
 9.2 信息系统安全技术 ·· 185
  9.2.1 典型网络安全技术 ·································· 185
  9.2.2 典型操作系统和数据库安全技术 ······················ 190
  9.2.3 其他信息系统安全技术 ······························ 191
 9.3 装备保障信息系统安全体系设计 ······························ 195
  9.3.1 信息系统安全体系的建设原则 ························ 195
  9.3.2 信息系统安全保障体系 ······························ 196
  9.3.3 信息系统安全技术体系 ······························ 198

参考文献 ··· 205

第1章
绪　论

装备保障信息化是指在军队装备保障体系中,综合运用以信息技术(Information Technology,IT)为核心的现代电子科学技术和装备保障理论,围绕装备保障体系的各个环节和各项保障活动,使装备保障信息在整个装备保障体系中快速、流畅、有规律地流动,并通过对装备保障信息的使用和转化,对部队快速、持续地精确保障,提高装备保障效能的动态发展过程。

装备保障信息化的重点在于装备保障信息的转化与使用,只有把信息技术广泛运用于各项保障活动,把各类保障信息管理好,并充分利用数据挖掘等各种信息处理手段进行处理,最终把信息转化为装备保障的推动力,才能体现装备保障信息化的价值。

本章主要介绍信息、信息系统、信息化、信息技术、装备保障信息化等基本概念,结合装备保障信息全生命周期管理,尤其是基于装备信息管理平台的全寿命装备信息管理理念,提出装备保障信息采集、传输、存储、处理和应用全过程的关键技术。

1.1　基本概念

1.1.1　信息

1. 信息的基本概念

信息(Information)是客观事物状态和运动特征的一种普遍形式,客观世界中大量地存在、产生和传递着各种各样的信息。

对于信息这个概念,各种文献有不同的理解和表述,最值得注意的是以下几种。

控制论的创始人 Norbert Wiener 认为:信息就是信息,既不是物质也不是能量。这个论述第一次把信息与物质和能量相提并论。

信息论的奠基者 Claude E. Shannon 认为:信息就是能够用来消除不确定性的东西。这个论述第一次阐明了信息的功能和用途。

经济管理学家较普遍地认为:信息是提供决策的有效数据。

信息学专家钟义信教授认为:信息是事物存在方式或运动状态,以这种方式或状态直接或间接地表述。

美国信息管理专家 F. W. Horton 对信息的定义是:"信息是为了满足用户决策的需要而经过加工处理的数据。"简单地说,信息是经过加工的数据,或者说,信息是数据处理的结果。

上述信息的概念和定义,都从不同的侧面反映了信息的某些特性,也具有一定的时代和学科的特征。

本书认同的信息概念可概括为:信息是对客观世界中各种事物的运动状态和变化的反映,是客观事物之间相互联系和相互作用的表征,表现的是客观事物运动状态和变化的实质内容。

2. 信息的特征

信息的特征即信息的属性和功能。信息反映的是事物或者事件确定的状态,具有客观性、普遍性等特点。同时,由于获取信息满足了人们消除不确定的需求,因此信息还具有价值性。除此之外,信息还具有如下特征。

1) 真实性

真实、准确和客观的信息可以帮助管理者做出正确的决策;反之,虚假、错误的信息则可能使管理者做出错误的决策。这是信息的最基本属性。

2) 层次性

管理是分等级的,不同等级的管理者职责不同、决策不同、使用的信息也不同。信息一般可分为三个等级:战略级信息是指关系组织长期发展目标和长远发展规划的信息;战术级信息是进行组织运营管理,进行资源分配和管理控制的信息;作业级信息是反映组织日常业务运作的信息,是组织日常业务活动中产生的信息。

3) 时效性

信息的时效性是指从信息产生到利用的时间间隔。时间间隔越短,时效性越强,使用信息越及时,信息使用效率越高。

4) 分享性(共享性)

相对于物质和能源,信息的共享一般不产生损耗和变化,这是信息独有的特征。

5) 可压缩性和转换性

信息可以进行浓缩、集中、概括和综合,而不至于丢失信息的本质。

信息的转换性表现为同一个信息可以按照使用者的要求用不同的载体来承载、表达、相互转换。这一个特征使信息的表现形式更加多样,有利于人们对信息的处理和利用。

6）传输性和扩散性

信息可以利用电话、电报、光缆卫星、网络等媒介进行传输（传输成本低于物质和能源），也可以数字、文字、图形、图像、声音、视频等形式传输。

信息的传输使信息得以扩散，信息的扩散与气体的扩散一样，都是从密度高的向密度低的方向扩散，信息的扩散一方面有利于知识传播，另一方面造成信息的贬值。

7）不完全性

客观事实的信息很难全部得到，因为人们对事物的认识不可能十分全面。在信息爆炸的时代，我们没有能力也没有必要收集和存储所有信息。只有明确问题，对所需要的信息进行分析判断筛选，才能获取有用信息。

3. 信息的作用

信息包含各种基础数据，对这些数据进行综合、分析、判断，可以为使用者管理决策发挥重要作用，信息运用得当则事半功倍，运用失误则事倍功半。信息的作用体现在以下几方面。

（1）信息是一种战略资源。物流反映组织的主体，信息流是神经脉络，主导控制物流，信息产业与物质产业一样是创造社会财富、推动生产力发展的巨大动力。

（2）信息已部分取代资本的作用。以往人们倾向于从外界获取更多的资本，事实上，充分利用信息资源，可以对单位进行重组，不断挖掘单位内部潜力，节约大量资金。

（3）信息与物质和能量的消耗性不同。信息是自增值的积累，越用越多，而物质和能量是消耗性的。通过定义信息之间的关系，信息的利用价值会进一步提高。

1.1.2 信息系统

管理信息系统（Management Information System，MIS），通常简称信息系统（Information System），是一个以人为主导，利用计算机硬件、软件、网络通信设备，以及其他办公设备，进行信息的收集、传输、加工、储存、更新、维护和使用的系统。

由此可见，管理信息系统需对信息实现从采集到使用全寿命周期的管理。完善的管理信息系统具有以下四个标准：确定的信息需求、信息的可采集与可加工、可以通过程序为管理人员提供信息、可以对信息进行管理。

管理信息系统的发展呈现出以下趋势。

1）网络化

数据通信的发展，使管理信息系统更加依赖计算机通信网络，管理信息系统要支持网络环境下的应用，支持信息系统间的"互联互访"，实现不同数据库间的数据交换和共享,还要具备处理更大量的数据以及为更多的用户提供服务的能力,甚至要考虑无线通信发展带来的革命性的变化。管理信息系统的网络化趋势涉及管理过程、管理方法、管理范围等方面,将使组织结构由金字塔结构向扁平化结构转变,管理的对象由封闭走向开放,管理活动将由完全的序列活动走向合理的并行活动。

2) 集成化

随着当前系统集成技术的提高,集成技术和方法也逐步地运用到管理信息系统中。集成管理是一种全新的理念与方法,其核心是强调运用集成的思想和理念指导管理实践。集成化信息系统将管理信息系统的各个子系统有机地结合起来,以达到互通信息、共享数据资源的目的。管理信息系统的集成包括各应用子系统过程和功能的集成,人与技术管理的集成等,集成化是在总体优化的前提下进行局部优化,以产生 1+1>2 的效果。

3) 智能化

随着人工智能技术的发展,数据仓库、数据挖掘技术在管理信息系统中的应用,管理信息系统必将向着智能化方向发展。智能化的管理信息系统具有思维模拟活动,它具有很高的自学习、自组织和进化性,并具有知识创新功能,可以解决非结构化事务,在决策中处于主导地位。

4) 人性化

管理科学的发展有科学管理、行为管理和现代管理理论三个发展阶段,目前正在向着越来越人性化的方向发展,即以人为本。管理信息系统也将向着更加人性化的方向发展,将会越来越注重人的因素,以人为出发点和中心,围绕激发和调动人的主动性、积极性、创造性,以实现人与社会共同发展。这种人性化还会贯穿于管理信息系统的开发设计与研究中,具体表现为管理信息系统将具有更加友好的人机界面,易于人们操作,也会考虑到不同用户的不同需求,更加个性化。

1.1.3 信息化

信息化(Informatization)是近年来世界各国都非常关注的并具有深远影响的战略课题。信息化是指加快信息高科技发展及其产业化,提高信息技术在经济和社会各领域的推广应用水平并推动经济和社会发展前进的过程,它以信息产业在国民经济中的比重,信息技术在传统产业中的应用程度和国家信息基础设施建设水平为主要标志。

1997年召开的首届全国信息化工作会议,对信息化和国家信息化定义为:"信息化是指培育、发展以智能化工具为代表的新的生产力并使之造福于社会的历史过程。国家信息化就是在国家统一规划和组织下,在农业、工业、科学技术、国防及社会生活各个方面应用现代信息技术,深入开发广泛利用信息资源,加速实现国家现代化进程。"

信息化的任务十分广泛,涉及许多方面。

(1) 在社会经济的各种活动中,如在政府、企业、组织的决策管理与公众的日常生活中,信息和信息处理的作用大大提高,从而使社会的工作效率与管理水平达到一个全新的水平。

(2) 各种不同规模、不同类型的信息管理系统已建设并持续正常、稳定运行,成为社会生活中不可缺少的部分,满足了信息资源、信息产品和信息服务等各种需求的。

(3) 为支持信息系统的工作,遍及全社会的通信及其他有关的基础设施(如计算机网络、数据交换中心、个人计算机等)得到全面发展,并投入正常运行。

(4) 为支持信息系统和基础设施,相关的信息技术及相应的设备制造产业得到充分发展,为信息管理系统和通信系统的正常运行提供技术和设备保证。

(5) 与经济生活的变化相适应的法规、制度等已经逐步形成,并且走向健全完善。例如,关于信息产权的有关规则、关于通信安全与保密的有关规则等,特别是在政府与企业的各级管理中形成了有关信息的各种管理体制与管理办法。

(6) 与各项经济和社会生活的变化相适应,人们的工作方式、生活方式和娱乐方式等也形成了新的格局,相应的习惯、文化、观念、道德标准也在新的形势下发生了深刻的变化。

总体而论,所谓信息化,就是在国民经济各部门和社会活动各领域普遍采用现代信息技术,以充分、有效地开发和利用各种信息资源,使社会各单位和全体公众都能在任何时间、任何地点,通过各种媒体(声音、数据、图像或影像)享用和相互传递所需要的任何信息,以提高各级政府的宏观调控和决策能力,提高各单位和个人的工作效率,促进社会生产力和现代化的发展,提高人民文化教育与生活质量,增强综合国力和国际竞争力。

国家信息化体系包括信息技术应用、信息资源、信息网络、信息技术和产业、信息化人才、信息化法规政策和标准规范6个要素,这6个要素按照图1-1所示的关系构成了一个有机的整体。

(1) 信息技术应用是指把信息技术广泛应用于经济和社会各个领域。信息技术应用是信息化体系六要素中的"龙头",是国家信息化建设的主阵地。

(2) 信息资源、材料资源和能源共同构成了国民经济和社会发展的三大战略资源。信息资源的开发利用是国家信息化的核心任务,是国家信息化建设取得实效的关键,也是我国信息化的薄弱环节。

(3) 信息网络是信息资源开发利用和信息技术应用的基础,是信息传输、交换和共享的必要手段。目前,人们通常将信息网络分为电信网、广播电视网和计算机

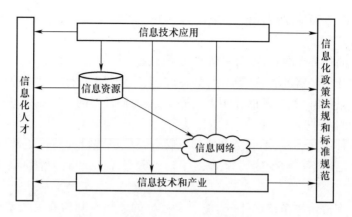

图1-1 国家信息化体系六要素关系图

网,三种网络的发展方向是:互相融通,取长补短,逐步实现"三网"融合。

(4)信息技术和产业是我国进行信息化建设的基础。

(5)信息化人才是国家信息化成功之本,对其他各要素的发展速度和质量有着决定性的影响,是信息化建设的关键。

(6)信息化政策法规和标准规范用于规范和协调信息化体系各要素之间关系,是国家信息化快速、持续、有序、健康发展的根本保障。

1.1.4 信息技术

最近30年是有史以来科学技术发展最迅速的阶段,各种高新技术如雨后春笋般纷纷出现,其中最为突出的就是信息技术,目前已经成为当代新技术革命最活跃的领域。信息技术是由计算机技术、通信技术、信息处理技术和控制技术等构成的综合性高新技术,它是所有高新技术的基础和核心。信息技术对其他高新技术的发展起着先导作用,而其他高新技术的发展又反过来促进信息技术更快地发展。一般来说,其他技术作用于能源和物质,而信息技术则改变人们对空间、时间和知识的理解。信息技术的普遍应用将会充分挖掘人类的智力资源,而且将对包括能源和物质资源在内的各种生产要素效能的发挥,起到催化和倍增的作用。

1.1.4.1 信息技术的定义

到目前为止,对信息还没有一个统一而公认的定义,因此对信息技术也就不可能有一个统一而公认的定义。一般认为,信息技术是用于管理和处理信息所采用的各种技术的总称,它主要是人们在信息获取、整理、加工、传递、存储和利用中所采取的各种技术和方法。

1.1.4.2　信息技术的分类

随着计算机和互联网技术的普及,人们日益普遍地使用计算机来生产、处理、交换和传播各种形式的信息。信息技术主要有如下几种分类方法。

(1) 按表现形态的不同,信息技术可分为硬技术(物化技术)与软技术(非物化技术)。硬技术是指各种信息设备及其功能,如显微镜、电话机、通信卫星和计算机等;软技术是指有关信息获取与处理的各种知识、方法与技能,如语言文字技术、数据统计分析技术、规划决策技术、计算机软件技术等。

(2) 按信息处理工作流程中基本环节的不同,信息技术可分为信息获取技术、信息传递技术、信息存储技术、信息加工技术及信息标准化技术等。

(3) 按使用的信息设备不同,信息技术又可分为电话技术、电报技术、广播技术、电视技术、复印技术、缩微技术、卫星技术、计算机技术和网络技术等。

(4) 按信息的传播模式分,将信息技术分为传者信息处理技术、信息通道技术、受者信息处理技术和信息抗干扰技术等。

(5) 按技术的功能层次不同,可将信息技术体系分为基础层、支撑层、主体层和应用层四个层次:基础层的信息技术主要有新材料技术、新能源技术等;支撑层的信息技术有机械技术、电子技术、激光技术、生物技术、空间技术等;主体层的信息技术有感测技术、通信技术、计算机技术和控制技术等;应用层的信息技术主要包括文化教育、商业贸易、工农业生产、社会管理中用以提高效率和效益的各种自动化、智能化、信息化应用软件与设备。

1.1.4.3　信息技术的主体技术

现代信息技术是以电子技术(尤其是微电子技术)为基础、以计算机技术为核心、以通信技术为命脉、以信息应用技术为目标的科学技术群。

具体来说,信息技术主要包括以下几方面技术。

(1) 感测与识别技术。它的作用是扩展人获取信息的感觉器官功能,它包括信息识别、信息提取、信息检测等技术。

(2) 信息传递技术。它的主要功能是实现信息快速、可靠、安全的转移,各种通信技术都属于这个范畴。

(3) 信息处理与再生技术。信息处理包括对信息的编码、压缩、加密等。在信息处理的基础上,还可形成一些新的更深层次的决策信息,这称为信息的"再生"。

(4) 信息施用技术。这是信息过程的最后环节,主要包括控制技术、显示技术等。

由此可见,传感技术、通信技术、计算机技术和控制技术是信息技术的四大基本技术,其中现代计算机技术和通信技术是信息技术的两大支柱。

1.1.4.4 信息技术的发展趋势

新一代信息技术发展的不仅体现在信息领域各个分支技术的纵向升级,更体现在信息技术在各领域的横向渗透融合,新一代信息技术的发展主要体现在如下几个方面。

1) 高速化和大容量化

鉴于海量信息的处理需求,处理高速、传输和存储要求大容量就成为必然趋势。计算机和通信的发展追求的都是高速度、大容量。目前,每秒能运算千万次的计算机已经进入普通家庭。在现代技术中,我们迫切需要抓住世界科技迅猛发展的机遇,重点在带宽"瓶颈"上取得突破,加快建设具有大容量、高速率、智能化及多媒体等基本特征的新一代高速带宽信息网络,研发纳米、亚纳米集成电路和芯片,发展高性能计算机等。

2) 网络互联的移动化和泛在化

得益于无线通信技术的飞速发展和移动互联网的迅速普及,正在研发运用的5G无线通信不只是追求提高通信带宽,而是要构建计算机与通信技术融合的超宽带、低延时、高密度、高可靠、高可信的移动计算与通信的基础设施。

过去几十年,信息网络的发展实现了计算机与计算机、人与人、人与计算机的交互联系,未来信息网络的发展趋势是实现物与物、物与人、物与计算机的交互联系,将互联网拓展到物端,通过泛在网络形成人、机、物"三元"融合的世界,进入万物互联时代。

3) 信息技术的集成化和平台化

以行业应用为基础,综合领域应用模型(算法)、云计算、大数据分析、海量存储、信息安全等技术,依托移动互联的集成化信息技术的综合应用是目前的发展趋势。信息技术和信息的普及促进了信息系统平台化的发展,使得信息消费型注重良好的用户体验,而不必关心信息技术细节。

4) 信息服务的智能化和个性化

智能化是信息技术发展的永恒追求,其主要途径是发展人工智能技术。无人自动驾驶汽车是智能化的标志性产品,它融合集成了实时感知、导航、自动驾驶、联网通信等技术,比有人驾驶更安全、更节能。德国提出的工业4.0,其特征也是智能化,设备和被加工的零件都有感知功能,能实时监测,实时对工艺、设备和产品进行调整,保证加工质量。"智慧地球""智慧城市"等基于位置的应用模式的成熟和推广,本质上是信息技术和现代管理理念在环境治理、交通管理、城市治理等领域的有机渗透。

1.2 装备保障信息化概述

1.2.1 装备保障信息化的概念

装备保障,是指装备接收入库、储存保管、调拨供应和部队使用直至退役、报废全过程中的技术保障活动,是军队为使编制内装备遂行各种任务而采取的各项保证性措施与进行的相应活动的总称。装备保障的主要工作内容包括:拟制装备保障的规划、计划和保障方案;制定装备保障的法规、制度和标准;装备保障力量的组织指挥;实施武器装备的管理和维修;组织实施弹药及维修器材的筹措、储备和补给;组织装备保障专业技术人员培训;开展装备保障科学研究和技术革新;保障机构的防卫等。

装备保障信息化是指以国家、国防和军事科研机构的信息基础设施为依托,充分利用现代高科技信息技术,实现装备保障信息搜集、存储、处理、传输、使用及情况反馈的自动化和一体化,使得装备保障资源需求公开、透明,提高装备保障决策、指挥、协调和控制水平,实现装备保障的精确、智能、高效。

1.2.2 装备保障信息化的主要任务

装备保障信息化建设,是指在装备保障领域中广泛运用先进的信息技术,大规模、高效率地开发和利用与军事活动相关的一切信息资源,使装备保障整体效能最大化,全面提高装备综合保障能力的一个过程。

装备保障信息化建设是一项极其复杂的系统工程,它渗透到了装备保障的各个领域。从装备保障的组成要素的角度来看,主要包括装备保障管理、指挥、装备维修、物资保障等方面的信息化建设。

1) 装备保障管理的信息化

装备保障管理的信息化,就是充分利用现代信息网络技术,实现装备保障管理的信息化。例如,我军部队开发的装备管理信息系统,可实现部队装备"管、修、供、训"各项业务管理的信息化,提升装备管理工作效率效益。

2) 装备保障指挥的信息化

装备保障指挥的信息化,就是利用信息技术,依据作战方案及保障任务,充分利用保障信息与保障手段,对保障力量进行总体运筹、统一部署,对保障资源实施系统整合、协调控制,实施有效的作战部队伴随保障、科学的战场定位保障、高效的应急机动支援保障,从而保证战场上实现在正确的位置、正确的时间、以正确的数量向联合部队提供正确的人员、设备和补给。装备保障指挥的基础是通信,核心是计算机,在各种软件系统的支持下,通过对已获得的充分可靠的装备保障情报进行处理,辅助装备保障指挥员和指挥机关快速正确地指挥、控制装备保障部队和各种保障设施及设备,随时掌握保障力量所在位置、承担任务及可能行动,及时对作战部队提供保障。

3) 装备维修保障信息化

装备维修保障信息化,就是以保障信息为主导,针对装备的技术特点和战场环境,充分利用自动检测、智能诊断技术和快速修复、远程支援等手段,对作战装备进行实时的检测和有效的修复,从而保持和恢复武器装备的作战效能,形成和保持部队的持续作战能力。

4) 装备物资保障的信息化

装备物资保障信息化的目标是实现快速、准确、及时的装备物资保障,主要是以装备保障物资的需求获取、筹措、分发、供应的全程可视为目标,充分利用计算机网络、通信网络和全球定位导航等战场可视技术手段,实现装备保障物资需求、储备、筹措、供应的可见性及战场环境的可见性,进一步提高装备物资的精确保障能力。

1.2.3 装备保障信息化关键技术

装备保障信息化需要充分利用现代高科技信息技术,实现装备保障信息采集、传输、存储、处理、使用及情况反馈的自动化和一体化,围绕装备保障信息的全寿命管理,主要涉及的关键技术及其关联关系如图1-2所示。

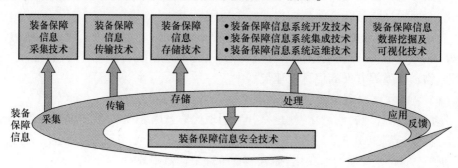

图1-2 装备保障信息化关键技术

装备保障信息全寿命周期管理涉及的信息化关键技术主要有以下几种。

(1) 以自动识别技术、传感器技术及网络信息采集为主要手段的信息采集技术。

(2) 以网络传输为主的装备保障信息传输技术。

(3) 以磁盘阵列、网络存储和分布式存储为主的装备保障信息存储技术。

(4) 基于信息系统的装备保障信息加工处理技术，主要包括装备保障信息系统的开发、集成和运维等技术。

(5) 以商务智能和可视化技术为代表的装备保障信息应用技术。

(6) 装备保障信息全寿命周期管理相关的装备保障信息安全技术。

云计算、物联网和大数据作为 IT 领域的最新技术其中云计算是一种基于互联网的计算方式，通过这种方式，共享的软硬件资源或信息资源可以按需提供给计算机或其他设备。物联网是通过射频识别技术（Radio Frequency Identification，RFID）、红外感应器、全球定位系统、激光扫描器等信息传感设备，按约定的协议，把物品与互联网相连接，进行信息交换和通信，以实现对物品的智能化识别、定位、跟踪、监控和管理的一种网络。大数据是指通过数据预处理、建模、开发、可视化等步骤，对海量数据进行分析和辅助决策的过程。

云计算、物联网和大数据这三种技术，彼此渗透、相互融合、相互促进、相互影响。大数据侧重于海量数据的存储、处理与分析，从海量数据中发现价值，服务于生产和生活；物联网是大数据的重要来源，物联网的传感器源源不断产生了大量数据；云计算的分布式和数据存储和管理系统提供了海量数据的存储和管理能力，其分布式并行处理框架 MapReduce 提供了海量数据的分析能力。

云计算、物联网和大数据三者都是装备保障信息化的关键技术，其中物联网技术与装备保障信息的采集传输紧密相关，云计算技术与装备保障信息的存储及装备保障信息系统的开发、集成、运维和安全等紧密相关。因此，本书不对云计算和物联网技术单独阐述，而将其相关技术在相关章节中予以介绍。而从大数据的生命周期来看，大数据采集、大数据预处理、大数据存储和大数据分析共同组成了大数据生命周期里最核心的技术。本书把基于大数据的信息采集、存储、分析和可视化技术作为装备保障信息采集、存储和可视化的重要部分予以介绍，而其中的数据预处理技术、数据挖掘等分析处理技术等未予详细介绍，读者可进一步拓展阅读大数据处理分析技术相关书籍对相关内容进一步深入学习了解。

1.3 本书的体系结构

本书的章节安排如下。

第 1 章"绪论"介绍装备保障信息化的相关概念及其关键技术，以及本书的基本体系结构。

第 2 章"装备保障信息采集技术"简要介绍信息采集技术基本概念，重点介绍自动识别技术、传感器技术、网络信息采集技术等装备保障信息采集技术，提出装备保障信息采集感知框架。

第 3 章"装备保障信息传输技术"简要介绍信息传输技术的基本概念,重点介绍计算机网络,军事通信技术与网络等信息传输相关技术。

第 4 章"装备保障信息存储技术"简要介绍信息存储的基本概念,重点介绍磁盘与磁盘阵列,传统网络存储系统架构。分布式存储系统等信息存储技术,结合装备保障信息存储实际及未来发展,提出装备保障信息存储架构设计方案。

第 5 章"装备保障信息系统开发技术"重点介绍信息系统的开发模型、信息系统架构的演变及信息系统的开发技术,结合装备保障信息系统的开发建设,提出装备保障信息系统架构设计方案。

第 6 章"装备保障信息系统集成技术"简要介绍信息系统集成的基本概念,重点介绍典型信息系统集成技术,结合装备保障信息系统建设和应用的现状,提出装备保障信息系统集成应用的方案。

第 7 章"装备保障信息系统运维技术"简要介绍系统运维的基本概念,在介绍系统运维参考标准体系和系统运维关键技术的基础上,结合装备保障信息化建设应用实际,给出装备保障信息系统运维体系建设方案。

第 8 章"装备保障信息系统可视化技术"首先简要介绍数据可视化的基本概念,然后介绍典型数据可视化技术和工具及数据可视化的常用图表,最后基于阿里云 DataV,给出装备保障可视化大屏设计实例。

第 9 章"装备保障信息系统安全技术"简要介绍信息系统安全的基本概念,重点介绍主要信息系统安全技术,最后介绍装备保障信息系统安全体系设计方案。

第2章
装备保障信息采集技术

信息采集是指从传感器和智能设备、在线或离线信息系统、网络和等获取结构化、半结构化及非结构化数据的过程。信息采集的数据种类多、类型繁杂、数据量大、数据产生和更新速度快，信息采集一方面要保证数据采集的可靠性和高效性，同时还要避免数据的重复采集，信息采集技术面临极大的挑战。

信息采集是信息全寿命周期管理的第一环，是信息管理的基础。本章首先简要概述信息采集技术，然后介绍自动识别技术、传感器技术和网络信息采集技术这三类信息采集常用技术，最后参照华为的信息感知分类方法，提出了装备保障信息采集感知框架。

2.1 信息采集技术概述

2.1.1 信息采集的基本要求

从信息系统的角度，信息的寿命周期分为信息采集、传输、处理、储存、维护和使用等多个阶段，其中信息采集是信息管理的关键第一步，信息采集必须满足如下要求。

（1）及时——信息从发生到被采集的时间间隔越短越好，因为目标的实现通常是有时间要求的，并且有些时候信息本身也是有时效性的，信息价值有时会随采集时间的推移而流失。

（2）可靠——信息必须是真实对象或环境所产生的，必须保证信息来源是可靠的，必须保证采集的信息能反映真实的状况。

（3）适度——信息采集不是越多越好，而要适度，做到够用、好用。

（4）经济——信息采集要考虑成本和收益。

2.1.2 信息采集的主要方式和技术

信息采集的方式主要有如下几大类。

1) 基于通用设备的信息采集

主要指基于相机、摄像机、录音机、扫描仪等设备采集信息,其中的图片信息、音频信息等也可以结合图像识别与分析技术、音频识别技术等实现相关信息的转换。

该信息采集方式对应的信息采集技术主要是自动识别技术(Automatic Identification Technology,AIT)。自动识别技术就是应用一定的识别装置,通过被识别物品和识别装置之间的接近活动,自动地获取被识别物品的相关信息,并提供给后台的计算机处理系统来完成相关后续处理的一种技术。

2) 基于专用设备的信息采集

主要是指运用专用设备,从传感器和其他待测设备等模拟和数字被测单元中自动采集信息,该方式可实现灵活的、用户自定义的信息采集,身份证识别设备、装备行驶记录仪等都是典型的专用信息采集设备。

该信息采集方式对应的信息采集技术主要是传感技术。传感器(Transducer/Sensor)是能感受规定的被测量并按照一定的规律转换成可用输出信号的器件和装置,简单地说,传感技术就是传感器的技术。传感技术是衡量一个国家信息化程度的重要标志。传感技术是关于从自然信源获取信息,并对之进行处理(变换)和识别的一门多学科交叉的现代科学与工程技术,它涉及传感器(又称换能器)、信息处理和识别的规划设计、开发、制造、测试、应用及评价改进等活动。传感技术同计算机技术与通信一起称为信息技术的三大支柱。

3) 基于网络的信息采集

主要依托计算机、智能手机或掌上电脑(Personal Digital Assistant,PDA)等移动终端设备,基于专用的信息系统或网络信息采集软件,从信息系统数据库、网页和日志等采集信息。

该信息采集方式即网络信息采集技术,主要涉及数据库数据采集技术,系统日志采集技术,以及通过网络爬虫或网站公开应用程序编程接口(Application Programming Interface,API)等方式从网站上获取数据信息的技术。

2.2 自动识别技术

自动识别技术是以计算机技术和通信技术的发展为基础的综合性科学技术,它是信息数据自动识读、自动输入计算机的重要方法和手段,解决了人工数据输入速度慢、误写率高、劳动强度大、工作简单重复性高等问题,为计算机快速、准确地进行数据采集输入提供了有效手段。

自动识别技术近几十年在全球范围内得到了迅猛发展,初步形成了一个包括

RFID 技术、条码技术、磁条磁卡技术、集成电路卡(Integrated Circuit Card,IC 卡)技术、光学字符识别(Optical Character Recognition,OCR)、声音识别及视觉识别等技术,集成计算机、光、磁、物理、机电、通信技术为一体的高新技术学科。目前,自动识别技术已广泛运用于生产制造、仓储物流、防伪追溯和安全安防等领域。随着信息系统的定制、工业自动识别和移动应用等信息技术的不断成熟,企业、政府、行业组织等都将享受自动识别技术所带来的便利服务。

自动识别技术具有如下特点。

(1)准确——自动数据采集可消除或减少人为错误。

(2)高效——信息交换实时进行。

(3)兼容——自动识别技术以计算机技术为基础,可与信息管理系统无缝连接。

2.2.1 自动识别技术的分类

按照国际自动识别技术的分类标准,自动识别技术有两种分类方法:一种是按照采集技术进行分类,其基本特征是需要被识别物体具有特定的识别特征载体(如标签等,仅光学字符识别例外),可以分为光存储器、磁存储器和电存储器;另一种是按照特征提取技术进行分类,其基本特征是根据被识别物体的本身的行为特征来完成数据的自动采集,可以分为静态特征、动态特征和属性特征。

按照应用领域和具体特征的分类标准,自动识别技术可分为射频识别技术、条码识别技术、生物识别技术、图像识别技术、磁卡识别技术、IC 卡识别技术和光学字符识别技术 7 种,如图 2-1 所示。

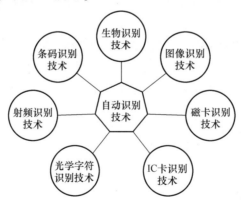

图 2-1 自动识别技术分类

2.2.2 自动识别系统的模型

自动识别系统是现代工业、商业及物流等领域中,在生产自动化、销售自动化、流通自动化过程及其他管理中,由必备的自动识别设备及其配套的自动识别软件所构成的系统。

自动识别系统完成系统的采集和存储工作,一般通过获取被识别对象的信息,经过信息处理后识别信息,得到已识别信息。而针对复杂信息的识别,在获取待识别对象信息后,可能还需要进行数据预处理,经特征提取和分类决策后才能得到已识别信息。自动识别系统的模型如图2-2所示。

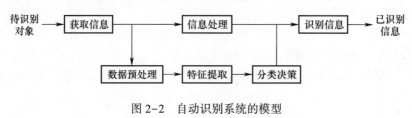

图2-2 自动识别系统的模型

2.2.3 典型自动识别技术

如图2-1所示,典型的自动识别技术如下。

1) 条码识别技术

条码由一组条、空和数字符号组成,按一定编码规则排列,用以表示一定的字符、数字及符号等信息。条码识别是对红外光或可见光进行识别,由扫描器发出的红外光或可见光照射条码标记,深色的"条"吸收光,浅色的"空"将光反射回扫描器,扫描器将光反射信号转换成电子脉冲,再由译码器将电子脉冲转换成数据,最后传至后台。

条码主要分为一维条码和二维条码。日常商品外包装上的条码就是一维码,它的信息存储量小,仅能存储一个代号,使用时通过这个代号调取计算机网络中的数据。二维码是后续发展起来的,它能在有限的空间内存储更多的信息,包括文字、图像、指纹、签名等,并可脱离计算机使用。最常见的二维码为QR Code(QR的全称是Quick Response),是近几年来移动设备上非常流行的一种编码方式。2017年12月27日,央行印发《条码支付业务规范(试行)》的通知,要求扫码支付根据交易验证方式强弱确定是否限额及限额多少。该规范适用于包括支付宝、微信和银联在内的所有二维码支付,这意味着二维码支付业务自问世以来,首份监管规范细则出台。

2) 生物识别技术

所谓生物识别技术,就是通过计算机与光学、声学、生物传感器和生物统计学原理等高科技手段密切结合,利用人体固有的生理特性和行为特征来进行个人身份的鉴定。

生物特征分为物理特征和行为特点两类。物理特征包括指纹、掌形、眼睛(视网膜和虹膜)、人体气味、脸型、皮肤毛孔、手腕、手的血管纹理和脱氧核糖核酸(DNA)等;行为特点包括签名、语音、行走的步态、击打键盘的力度等。

现阶段逐步发展并实际应用的生物识别技术主要有指纹识别、语音识别、指静脉识别、人脸识别和虹膜识别等。

3) 图像识别技术

在人类认知的过程中,图形识别是指图形刺激作用于感觉器官,人们进而辨认出该图形是什么的过程,也称图像再认。在信息化领域,图像识别是利用计算机对图像进行处理、分析和理解,以识别各种不同模式的目标和对象的技术。

图像识别技术的关键信息,既要有当时进入感官(输入计算机系统)的信息,也要有系统中存储的信息。只有通过存储的信息与当前的信息进行比较的加工过程,才能实现对图像的再认。

4) 磁卡识别技术

磁卡是一种磁记录介质卡片,由高强度、高耐温的塑料或纸质涂覆塑料制成,能防潮、耐磨且有一定的柔韧性,携带方便、使用较为稳定可靠。磁条记录信息的方法是变化磁的极性,在磁性氧化的地方具有相反的极性,识读器材能够在磁条内分辨到这种磁性变化,这个过程称为磁变。解码器可以识读到磁性变化,并将其转换成字母或数字的形式,以便由计算机来处理。磁卡识别技术能够在小范围内存储较大数量的信息,在磁条上的信息可以重写或更改。磁卡的特点是数据可读/写,即具有现场改变数据的能力。

5) IC 卡识别技术

IC 卡是一种电子式数据自动识别卡。按照是否带有微处理器(CPU),IC 卡可分为存储卡和智能卡两种。存储卡仅包含存储芯片而无微处理器,一般的电话 IC 卡即属于此类。将带有内存和微处理器芯片的大规模集成电路嵌入到塑料基片中,就制成了智能卡,银行的 IC 卡通常是指智能卡。

按读取界面将 IC 卡分为接触式 IC 卡和非接触式 IC 卡两种。接触式 IC 卡通过 IC 卡读/写设备的触点与 IC 卡的触点接触后进行数据的读/写。国际智能卡标准 ISO7816 对接触式 IC 卡的机械特性、电器特性等进行了严格的规定。非接触式 IC 卡与 IC 卡读取设备无电路接触,通过非接触式的读/写技术进行读/写(例如,光或无线技术),卡内所嵌芯片除了 CPU、逻辑单元、存储单元外,增加了射频收/发电路。

6) 光学字符识别技术

光学字符识别(OCR)技术是针对印刷体字符(如一本纸质的书),采用光学的方式将文档资料转换成为原始资料黑白点阵的图像文件,然后通过识别软件将图像中的文字转换成文本格式,以便文字处理软件进一步编辑加工的系统技术。

一个 OCR 识别系统,从影像到结果输出,必须经过影像输入、影像预处理、文字特征抽取、比对识别、再经人工校正将认错的文字更正,最后将结果输出。

7) 射频识别技术

RFID 技术通过无线射频方式进行非接触双向数据通信,利用无线射频方式对记录媒体(电子标签或射频卡)进行读/写,从而达到识别目标和数据交换的目的。

一套完整的 RFID 系统由阅读器、电子标签及应用软件系统三个部分所组成,其工作原理是阅读器发射某一特定频率的无线电波,用于驱动电路将内部的数据送出,此时阅读器便依序接收解读数据,送给应用程序做相应的处理。

射频识别技术的识别工作无须人工干预,可工作于各种恶劣环境。与条码识别、磁卡识别技术和 IC 卡识别技术等相比,它以特有的无接触、抗干扰能力强、可同时识别多个物品等优点,逐渐成为自动识别中最优秀的和应用的领域最广泛的技术之一,是物联网应用发展中最重要的自动识别技术。

2.3 传感器技术

2.3.1 传感器的定义与组成

传感器是将物理、化学、生物等信息变化按照某些规律转换成电参量(电压、电流、频率、相位、电阻、电容、电感等)变化的一种器件或装置。

传感器一般由敏感元件、转换元件和基本电路组成。敏感元件是直接感知被测量的元件,将被测量变化转换成该敏感材料特性参数的变化。某些敏感元件为无源器件,无法直接输出电压或电流,所以需要通过转换元件特性参数的变化转换成电压或电流。基本电路主要用于将转换元件输出的信号进行放大、整形及编码输出。

传感器的基本组成如图 2-3 所示。

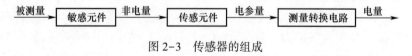

图 2-3 传感器的组成

2.3.2 传感器的分类

从不同角度,传感器有不同的分类方法。

1. 按传感器的输入参数分类

按照这种分法,将传感器分成力、压力、位移、速度、加速度、流速、温度、湿度、黏度与浓度等传感器。这种分类法在工业界比较常用。

2. 按传感器的工作原理分类

按照这种方法,将传感器分为应变式传感器、压电式传感器、压阻式传感器、电感式传感器、电容式传感器、光电式传感器等。

3. 按传感器转换能量的方式分类

1) 能量控制型传感器

能量控制型传感器是从外部供给辅助能量使其工作的,并由被测量来控制外部供给能量的变化。例如,电阻应变测量中,应变计接于电桥上,电桥工作能源由外部供给,而由于被测量变化所引起应变计的电阻变化来控制电桥的不平衡程度。如电感式测微仪、电容式测振仪等均属此种类型。能量控制型的另一种形式是被测对象对激励信号的响应,它反映了被测对象的性质或状态,如超声波探伤、用 X 射线测残余应力、用激光散斑技术测量应变等。

2) 能量转换型传感器

能量转换型传感器是直接由被测对象输入能量使其工作的,如热电偶温度计、弹性压力计等。但是,由于这类传感器是被测对象与传感器之间的能量传输,必然导致被测对象状态的变化,因而造成测量误差。

4. 按传感器工作机理分类

1) 结构型

结构型传感器则是依靠传感器结构参数的变化而实现信号转换的。例如,电容式传感器依靠极板间距离变化引起电容量变化,电感式传感器依靠衔铁位移引起自感或互感变化等。

2) 物性型

物性型传感器是依靠敏感元件材料本身物理性质的变化来实现信号变换的。例如,利用水银的热胀冷缩现象制成水银温度计来测温,利用石英晶体的压电效应制成压电测力计等。

5. 按传感器输出信号的形式分类

(1) 模拟式传感器输出为模拟电压量。

(2) 数字式传感器输出为数字量,如编码器式传感器等。

6. 按能量转换原理分类

(1) 有源传感器,能将一种能量形式直接转变成另一种,不需要外接的能源或激励源,例如电动势、电荷式传感器等。

(2) 无源传感器,不能直接转换能量形式,但它能控制从另一输入端输入的能量或激励能,传感器承担将某个对象或过程的特定特性转换成数量的工作。其对象可以是固体、液体或气体,而它们的状态可以是静态的,也可以是动态(过程)的,对象的特性可以是物理性质的,也可以是化学性质的。按照其工作原理,它将对象特性或状态参数转换成可测定的电学量,然后将此电信号分离出来,送入传感器系统加以评测或标示。

2.3.3 传感器数据采集系统

数据采集的目的是测量电压、电流、温度、压力或声音等物理现象,通常由三部分组成:传感器、数据采集仪和计算机(控制与分析器)。

传感器部分包括前面所提到的各种电测传感器,它们的作用是感受各种物理变量,如力、线位移、角位移、应变和温度等,并把这些物理量转变为电信号。

数据采集仪的作用是对所有的传感器通道进行扫描,把扫描得到的电信号转换成数字量,再根据传感器特性对数据进行传感器系数换算(如把电压值换算成应变或温度等),然后将这些数据传送给计算机,也可将这些数据打印输出或存储。

计算机部分包括主机、显示器、存储器、打印机、绘图仪和键盘等,计算机的主要作用是作为整个数据采集系统的控制器,控制整个数据的采集过程。在采集过程中,通过数据采集程序的运行,计算机对数据采集仪进行控制,对数据进行计算处理,实时打印输出、图像显示及存入磁盘,以及在试验结束后对数据的进一步处理分析等。

典型的数据采集系统由传感器(T)、放大器(IA)、模拟多路开关(MUX)、采样保持器(SHA)、模/数(A/D)转换器(ADC)、计算机或数字逻辑电路(DLC)组成。根据它们在电路中的位置可分为同时采集、高速采集、分时采集和差动结构四种配置,如图2-4所示。

1) 同时采集系统

图2-4(a)所示为同时采集系统配置方案,可对各通道传感器输出量进行同时采集和保持,然后分时转换和存储,可保证获得各采样点同一时刻的模拟量。

2) 高速采集系统

图2-4(b)所示为高速采集配置方案,在实时控制中对多个模拟信号的同时实时测量是很有必要的。

3) 分时采集系统

图2-4(c)所示为分时采集方案,这种系统价格便宜,具有通用性,传感器与仪表放大器匹配灵活,有的已实现集成化,在高精度、高分辨率的系统中,可降低IA和ADC的成本,但对MUX的精度要求很高,因为输入的模拟量往往是微伏级的。这种系统每采样一次便进行一次A/D转换,送入内存后才对下一采样点采样。这

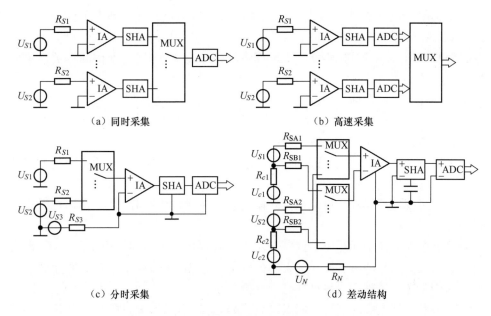

图 2-4 数据采集系统配置

样,每个采样点值间存在一个时差(几十到几百微秒),使各通道采样值在时轴上产生扭斜现象。输入通道数越多,扭斜现象越严重,因而不适合采集高速变化的模拟量。

4) 差动结构分时采集系统

在各输入信号以一个公共点为参考点时,公共点可能与 IA 和 ADC 的参考点处于不同电位而引入干扰电压(UN),从而造成测量误差。采用如图 2-4(d)所示的差动配置方式可抑制共模干扰,其中 MUX 可采用双输出器件,也可用两个 MUX 并联。

2.4 网络信息采集技术

网络信息采集最常用的技术主要包括埋点、系统日志采集和网络爬虫等技术。

2.4.1 埋点

埋点是数据采集领域,尤其是用户行为数据采集领域的术语,指的是针对特定用户行为或事件进行捕获的相关技术。埋点的技术实质,是监听软件应用运行过程中的事件,当需要关注的事件发生时进行判断和捕获。

根据埋点位置不同,主要分为前端埋点和后端埋点。前端埋点也称客户端埋点,指在 App 或者 Web 产品中植入代码,对用户在产品内的行为事件数据进行收集,用户一旦触发了该事件,就会上传埋点代码中定义的、需要上传的有关该事件的信息。后端埋点也称服务器端埋点,通过在服务器端写入代码,采集客户端与服务器端交互的事件数据,以及存储在业务服务器中的业务数据。

根据埋点实现方式不同,又可分为代码埋点、可视化埋点、全埋点等方式。

(1) 代码埋点是目前比较主流的埋点方式,业务人员根据自己的统计需求选择需要埋点的区域及埋点方式,形成详细的埋点方案,由技术人员手工将这些统计代码添加在想要获取数据的统计点上。

(2) 可视化埋点通过可视化页面设定埋点区域和事件 ID,从而在用户操作时记录操作行为。

(3) 全埋点是指无须应用程序开发工程师写代码或者只写少量的代码,即可预先自动收集用户的所有或者绝大部分的行为数据,然后再根据实际的业务分析需求从中筛选出所需行为数据并进行分析。

一般前端埋点既有可视化埋点也有代码埋点,而后端埋点则统一都是代码埋点。每一类都有自己独特的优缺点,可以基于业务的需求,匹配使用。

2.4.2 系统日志数据采集

系统日志是一种非常关键的组件,可以记录系统中硬件、软件和系统问题的信息,对大型应用系统或者平台来说尤其重要,系统日志的采集分析是系统运维、维护及用户分析的基础。

系统日志主要包括操作日志、运行日志和安全日志。操作日志是指系统用户使用系统过程中的一系列的操作记录,此日志有利于备查及提供相关安全审计的资料;运行日志用于记录网络设备或应用程序在运行过程中的状况和信息,包括异常的状态、动作、关键的事件等;安全日志用于记录在设备侧发生的安全事件,如登录、权限等。

有很多海量数据采集工具用于系统日志采集,如 Hadoop 的 Chukwa、Cloudera 的 Flume、Facebook 的 Scribe 等。这些系统采用分布式架构,能满足每秒数百兆字节的日志数据采集和传输需求。

典型的日志系统需具备 agent、collector 和 store 三个基本组件。agent 用于封装数据源,将数据源中的数据发送给 collector;collector 接收多个 agent 的数据,进行汇总后导入后端的 store 中;store 是中央存储系统,具有可扩展性和可靠性,支持当前非常流行的分布式文件系统(Hadoop Distributed File System, HDFS)。

Flume 是 Cloudera 于 2009 年 7 月开源的日志系统,Flume 也采用分层架构,由

agent、collector 和 storage 三层组成,如图 2-5 所示。其中,agent 和 collector 均由 source 和 sink 两部分组成,其中 source 和 sink 分别代表数据来源和数据去向。

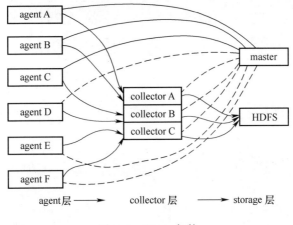

图 2-5　Flume 架构

agent 的作用是将数据源的数据发送给 collector;collector 负责将多个 agent 的数据汇总后,加载到 storage 中;storage 是存储系统,可以是一个普通文件,也可以是分布式文件系统。

Flume 的主要特点如下。

1) 可靠性

当节点出现故障时,日志能够被传送到其他节点上而不会丢失。Flume 提供了三种级别的可靠性保障,从强到弱依次分别为:end-to-end(收到数据 agent 首先将 event 写到磁盘上,当数据传送成功后,再删除;如果数据发送失败,可以重新发送)、store on failure(当数据接收方 crash 时,将数据写到本地,待恢复后,继续发送)和 best effort(数据发送到接收方后,不会进行确认)。

2) 可扩展性

Flume 采用了三层架构,每一层均可以水平扩展,用户可以根据需要添加自己的 agent、collector 或者 storage。此外,Flume 还自带很多组件,包括各种 agent(file、syslog 等)、collector 和 storage(file、HDFS 等)。

3) 可管理性

所有 agent 和 colletor 由 master 统一管理,这使得系统便于维护。用户可以在 master 上查看各个数据源或者数据流执行情况,且可以对各个数据源配置和动态加载。

Flume 能够从各种日志源上收集日志,存储到一个中央存储系统(可以是网络存储系统或分布式文件系统)上,以便于进行集中统计分析处理,它为日志的"分布式收集,统一处理"提供了一个可扩展的、高容错的方案,基于 Flume 的日志收集系统的整体结构如图 2-6 所示。

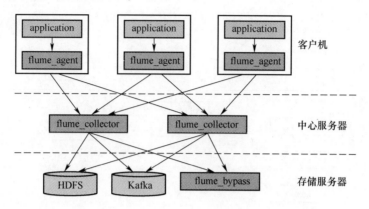

图 2-6 基于 Flume 的日志收集系统整体结构示意图

2.4.3 网络爬虫技术

网络爬虫又称"网络蜘蛛",是通过网页的链接地址来寻找网页,从网站某一个页面开始,读取网页的内容,找到在网页中的其他链接地址,然后通过这些链接地址寻找下一个网页,如此循环,直至按照某种策略把网上所有的网页都抓取完为止的技术。

Python、Java、PHP、C#、Go 等语言都可以实现爬虫技术,尤其是 Python 中配置爬虫的便捷性,使得爬虫技术得以迅速普及,也促成了各界及个人对信息安全和隐私的关注。

1. 网络爬虫的组成

网络爬虫通常由控制节点、爬虫节点和资源库组成。网络爬虫中可以有多个控制节点,每个控制节点下有多个爬虫节点,控制节点之间可以互相通信,同时,控制节点和其下的每个爬虫节点之间也可以进行相互通信。

控制节点也称为爬虫的中央控制器,主要负责根据统一资源定位符(URL)地址分配线程,并调用爬虫结点进行具体的爬行。

爬虫节点主要按照设定的算法,对网页进行具体的爬行,主要包括下载网页以及对网页的文本进行处理,爬行后,会将爬行结果存储到对应的资源库中。

网络爬虫的基本结构如图 2-7 所示。

2. 网络爬虫的类型

网络爬虫按照系统结构和实现技术,大致可以分为通用网络爬虫(General

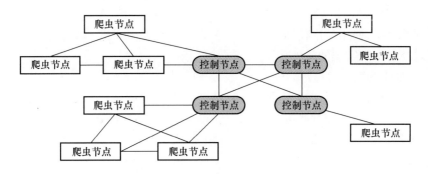

图 2-7　网络爬虫的基本结构

Purpose Web Crawler)、聚焦网络爬虫(Focused Crawler)和深层网络爬虫(Deep Web Crawler)等几种类型,实际应用中通常是将几种爬虫技术相互结合。

1)通用网络爬虫

通用爬虫技术也就是全网爬虫,其基本工作流程是首先选取一部分精心挑选的种子 URL,并将这些 URL 放入待抓取 URL 队列,然后从待抓取 URL 队列中取出待抓取 URL,解析域名系统(DNS),得到主机的 IP 后将该 URL 对应的网页下载下来,存储进已下载网页库中,再将这些 URL 放进已抓取 URL 队列。在此基础上,分析已抓取 URL 队列中的 URL,并将其放入待抓取 URL 队列,从而进入下一个循环,其工作流程如图 2-8 所示。

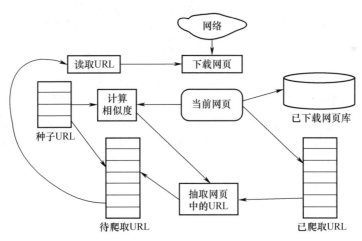

图 2-8　通用网络爬虫工作流程图

通用爬虫的抓取目标是尽可能大地覆盖网络,所以爬行的结果中包含大量用户不需要的网页。同时,它也不能很好地搜索和获取信息含量密集且具有一定结构的数据,最后,通用爬虫的搜索引擎大多是基于关键字的检索,难以实现基于语义信息的查询。

由此可见,通用爬虫在爬行网页时,要既保证网页的质量和数量,又保证网页的时效性是很难实现的。

2）聚焦网络爬虫

聚焦网络爬虫,由于其需要有目的地进行爬取,所以必须在通用爬虫的基础上,增加目标的定义和过滤机制,即目标的定义、无关链接的过滤、下一步要爬取的URL地址的选取等,其基本工作流程如图2-9所示。

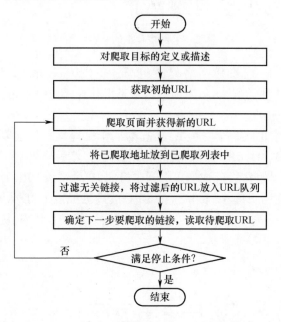

图2-9 聚焦网络爬虫的工作流程

聚焦网络爬虫需要根据一定的网页分析算法:首先过滤掉与主题无关的链接,保留有用的链接并将其放入等待抓取的URL队列;然后会根据一定的搜索策略从待抓取的队列中选择下一个要抓取的URL,并重复上述过程,直到满足系统停止条件为止。所有被抓取网页都会被系统存储,经过一定的分析、过滤,然后建立索引,以便用户查询和检索;这一过程所得到的分析结果可以对以后的抓取过程提供反馈和指导。

3）深度网络爬虫

网页可以分为表层网页和深层网页。表层网页是指传统搜索引擎可以索引的页面,以超链接可以到达的静态网页为主;而深层网页则是指那些大部分内容不能通过静态链接获取的、隐藏在搜索表单后的、只有用户提交一些关键信息后才能获得的网页。

深度爬虫的设计是针对常规网络爬虫的这些不足,将其结构予以改进,增加了表单分析和页面状态保持两个部分,通过分析网页的结构并将其归类为普通网页或存在更多信息的深度网页,针对深度网页构造合适的表单参数并且提交,以得到更多的页面,其流程如图 2-10 所示。

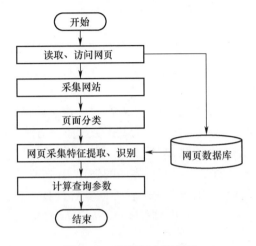

图 2-10　深度爬虫流程图

与常规爬虫不同的是,深度爬虫在下载完成页面之后并没有立即遍历其中的所有超链接,而是使用一定的算法将其进行分类,对于不同的类别采取不同的方法计算查询参数,并将参数再次提交到服务器。如果提交的查询参数正确,那么将会得到隐藏的页面和链接。深度爬虫的目标是尽可能多地访问和收集网页,由于深度页面是通过提交表单的方式访问,因此爬行深度页面存在以下三个方面的困难。

(1) 深度爬虫需要有高效的算法去应对数量巨大的深层页面数据。

(2) 很多服务器端 Deep Web 要求校验表单输入,如用户名、密码和校验码等,如果校验失败,将不能爬到 Deep Web 数据。

(3) 需要 JavaScript 等脚本支持分析客户端 Deep Web。

3. 爬虫的抓取策略

爬虫根据业务需求的不同可以大致分为两种不同的抓取策略。

(1) 深度优先策略。深度优先策略是指爬虫在爬取一个超文本标记语言(HTML)页面的时候,如果发现页面中有新的 URL,将对这个新的 URL 进行深度优先搜索,依此类推,一直沿着 URL 进行爬取,直到不能深入为止。然后,返回到上一次的 URL 地址,寻找其他 URL 进行搜索,当页面中没有新的 URL 可以供选择的时候,说明搜索已经结束。

(2) 广度优先策略。广度优先策略是指爬虫需要爬取完整个 Web 页面的所有 URL 后,才能继续到下一个的页面进行搜索,直到底层为止。

深度优先适合搜索网站嵌套比较深的网站,而广度优先策略更适用于对时间要求比较高,且网站页面同层次 URL 比较多的页面。

2.5 装备保障信息采集感知框架

作为一家巨型跨国企业,华为技术有限公司(简称华为)在 170 多个国家同时开展各种业态的业务,其数据底座是支撑其业务运营的关键,目前其数字化转型已成为行业竞相研究的标杆。

随着企业业务数字化转型的推进,企业需要构建数据感知能力,采用现代化手段采集和获取数据,减少人工录入。华为基于数据感知方式和感知过程的差异,将数据感知分为"硬感知"和"软感知"两大类,其中"硬感知"主要指利用设备或装置进行数据的收集,收集对象为物理世界中的物理实体,或者是以物理实体为载体的信息、事件、流程等,而"软感知"使用软件或者各种技术进行数据收集,收集的对象存在于数字世界,通常不依赖物理设备进行收集。数据感知的分类图见表 2-1。

表 2-1 感 知 分 类

感知	硬 感 知	软 感 知
感知方式	利用设备或装置进行数据的收集,收集对象为物理世界中的物理实体,或者是以物理实体为载体的信息、事件、流程、状态等	使用软件或各种程序进行数据收集,收集的对象存在于数字世界,通常不依赖于物理设备进行收集
感知过程	数据的感知过程是数据从物理世界向数字世界的转化过程,有些数据感知需要人的操作	数据的感知发生在数字世界,通常是自动运行的程序或脚本
典型技术	条形码/二维码、RFID、OCR、图像、语音、视频、传感器、工控设备	埋点、系统日志、网络爬虫

参照华为的信息感知分类方法,综合装备保障信息采集各类技术,本书构建了如图 2-11 所示的装备保障数据感知能力架构。

一方面基于各种"硬感知"技术,从装备、各类装备保障资源(人员、设施、设备、器材等)、各类装备使用及保障场所(装备场、装备修理车间、器材仓库等)等获取装备保障信息;另一方面基于埋点、系统日志和网络爬虫等"软感知"技术,从装备保障相关网络和系统等获取各类装备保障数据。装备保障数据一般包含图片、视频、音频、文档/数据流等数据,这些数据根据实际应用需要,将以批次接入、实时接入、按需接入等不同数据接入方式,采用数据抽取、数据复制、消息队列、流处理、数据发现等接入工具,将根据数据资源类型和实际应用需要转换为结构化和非结构化的数据形式,并存储在关系数据库、文档数据库、对象数据库、图形数据库等不同数据库中。

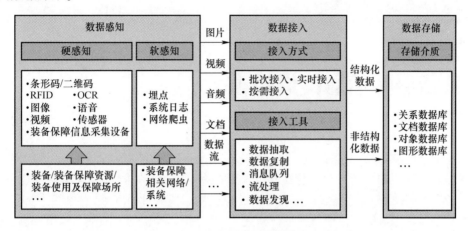

图 2-11 装备保障数据感知能力架构

第3章
装备保障信息传输技术

信息传输是从一端将信息经信道传送到另一端,并被对方所接收。信息传输技术是通过传输媒介实现信息转移的一种技术,其主要功能是实现信息快速、可靠、安全的转移。信息传输的主要方式是电信网、计算机网和广播电视网等。

本章首先对信息传输技术进行概述,然后介绍计算机网络的基本知识,最后简要介绍军事通信技术和网络。

3.1 信息传输技术概述

3.1.1 信息传输技术的概念

信息传输技术(Information Transmission Technology,ITT)是指充分利用不同信道的传输能力构成一个完整的传输系统,使信息得以可靠传输的技术。

传输系统是通信系统的重要组成部分,在目前的技术条件下,信息传输主要是通过电信网、计算机网、广播电视网等方式来实现的。从发展的角度看,电信网、计算机网、广播电视网呈现出逐渐融合的趋势。

信息传输主要依赖于具体信道的传输特性,信道主要分为有线信道和无线信道。

有线信道又可进一步细分为架空明线(传输能力一般不超过12个话路),对称电缆(用于载波通信的高频电缆一对芯线的传输能力可达120个话路),同轴电缆(其传输能力可达1800~3600个话路)和光缆(单模光纤的传输能力已可达上千万个话路)等。

无线信道又可进一步分为地波传播(如超长波、长波、中波等)、天波传播(即经电离层反射传播,如短波)和视距传播(如超短波、微波)等。

信息传输是构成信息网络的"链路",高速、大容量、可靠地传输信息,而信息传输技术主要是解决在给定传输媒介的条件下,提高信息传输的有效性和可靠性问题。

3.1.2 信息传输基础技术

构成信息传输技术的基础技术主要有调制技术、差错控制技术、信道改善技术和扩展频谱技术。

1. 调制技术

调制技术就是进行信号频谱的迁移,使信源产生信号的频谱结构与传输媒质的通信频带相匹配的技术。通过调制可以实现多路信号的复用和有效可靠的互换。选择不同的调制方式,可以得到不同性能的通信系统,一种新的调制方式的出现,往往又使通信系统产生新的质的变化。

调制方式按调制信号的不同可分为模拟调制与数字调制两大类。在数字调制中,为满足不同的有效性和可靠性要求,适应不同类型信道的传输特点,并兼顾经济实用性,又出现了多种调制方式,如差分移相键控、振幅相位混合调制、非相干移频键控、时间差分移相键控、正交调幅等。

2. 差错控制技术

差错控制技术是为在一定的信噪比的情况下达到指定的误码率指标,而采用的降低误码率的技术。信道上传输数字信号时,由于信道传输特性不理想以及噪声的影响,所收到的数字信号不可避免地会发生错误。为此需要通过选择调制/解调方式,并采用均衡技术等,使误码率尽可能地降低,上述措施不能满足需要时,还需要采用差错控制编码技术。

差错控制编码的基本方法是:在发送端被传输的信息序列上附加一些监督码元,这些码元与信息码之间存在着一定规则的关联(约束);接收端按照既定的规则检验信息码元与监督码元的关系,一旦在传输过程中发生差错,则必然会破坏信息码元与监督码元之间的关系,从而可以发现甚至纠正错误。常用的差错控制方式有检错重发、前向纠错和混合纠错等。

3. 信道改善技术

信道改善技术主要包括均衡技术、分集接收技术和信号设计技术。

(1) 均衡技术就是在传输信道中插入某个补偿网络的方法,使加入补偿网络后的信道的传输特性更接近理想。均衡网络按设计原理和实现方法可分为频域均衡和时域均衡,目前的主要发展趋势是时域自适应均衡。

(2) 分集接收技术就是将在接收端分散接收到的几个衰落情况不同的信号,以一定的方式将它们合并集中,使总接收信号的信噪比得到改善,衰落的影响减小。按照分散接收信号的方式,分集方式有空间分集、频率分集、角度分集、极化分集和时间分集等。

（3）信号设计技术是针对信道的情况设计和发射具有较强抗衰落能力的信号，接收端再将其还原，以减小衰落的影响。如采用多进制信号、时频调制信号、时频相调制信号和伪噪声编码等。

4. 扩展频谱技术

扩展频谱技术是指将传输的消息信号频谱，用某个特定的扩频函数扩展成为宽频带信号，经信道传输后，再以相应手段将其频带压缩，从而获得所传信息的通信技术。

扩展频谱通信简称扩频通信，其主要特点有：抗干扰性强；传输信号功率谱密度很低，有利于隐蔽；可实现码分多址通信，有利于解决一般通信中存在的电波拥挤问题；保密性强。扩频频谱通信有直接序列扩展频谱、跳频、跳时和线性调频四种基本方式。

随着信息技术的整体发展，信息传输技术不断更新发展，特别是计算机技术和通信技术的有机结合，使现代信息传输技术正经历着一场革命，无论是信息传递手段、信息交换方式、信息传递终端都发生着深刻的变化。其总体发展趋势是：模拟通信被数字通信替代；信息传输向高速、大容量发展；从人对人的通信向人对机、机对机通信扩展；从单一业务与功能向综合业务与功能转变，并将开辟新的通信资源。

3.1.3　网络传输技术

网络传输是指用一系列的线路(如光纤，双绞线等)，经过电路的调整变化，并依据网络传输协议来进行通信的过程。

网络传输的介质是指网络中发送方与接收方之间的物理通路，常用的传输介质有双绞线、同轴电缆、光纤和无线传输媒介等。

网络协议即网络中(包括互联网)传递、管理信息的一些规范。如同人与人之间相互交流需要遵循一定的规矩一样，计算机之间的相互通信也需要共同遵守一定的规则，这些规则就称为网络协议。网络协议通常被分为几个层次，通信双方只有在共同的层次间才能相互联系。

当前主要的传输网络如下。

（1）公用电话网(Public Service Telephone Network，PSTN)。公用电话网是公共通信网中规模最大、历史最长的基础网络。电话网的主要用途是传输语音信号，用户的语音信息可通过传输线路和交换设备进行互传，传输的信号带宽在300Hz～3.4kHz之间。随着数字传输设备和数字交换设备不断引入，公用电话网已成为一个以数字设备为主体的网络。

（2）数字数据网(Digital Data Network，DDN)。数字数据网是随着数据通信业务的增加而发展起来的一种新型的数字网络,以传输数字信号为主。用户通过这种专用的数字数据信道可以进行端到端的数据通信,传送数字图像和其他数字化信号。

(3) 综合业务数字网(Integrated Service Digital Network,ISDN)。对于一个通信网,如果传输设备和交换设备都是数字化的,就构成了综合数字网(Integrated Digital Network,IDN),如果在 IDN 的基础上实现用户信息以数字形式入网,即实现数字用户环路,再加上实现长途数字载波和共路信令方式,就构成了综合业务数字网 ISDN,它可以提供话音、数据和图像通信等各种业务。

(4) ATM(Asynchronous Transfer Mode,ATM)。ATM 是以信元为基础的一种分组交换和复用技术,它是一种为了多种业务设计的通用的面向连接的传输模式。它适用于局域网(Local Area Network,LAN)和广域网(Wide Area Network,WAN),它具有高速数据传输率和支持许多种类型,如声音、数据、传真、实时视频、CD 质量音频和图像的通信。

(5) 计算机网络。计算机网络中,最常见的有局域网、广域网、城域网(Metropolitan Area Network,MAN),以及世界上最大的计算机互联网。在这些网络中,局域网是关键的基础部分,广域网、城域网、互联网都是由若干局域网通过电信网及相关的计算机通信协议互联而成。利用计算机网络,可快速便捷地传送图像信息,完成图像通信的任务。

(6) 甚小天线地面站(Very Small Antenna Earth Station,VSAT)。甚小天线地面站是一种工作在 Ku 频段(11~14GHz)或 C 频段(4~6GHz)的小型卫星地面站。VSAT 利用通信卫星转发器,通过 VSAT 通信系统主站的控制,按需向 VAST 网站提供各种通信信道。VSAT 系统的信道误码率低,容易构成端对端的独立专用通信网,实现数据、语音、图像等多种通信。

目前,信息传输网络有综合集成的趋势,其主体是计算机网络。

3.2 计算机网络

3.2.1 计算机网络概述

一般认为,计算机网络是一个将分散的、具有独立功能的计算机系统,通过通信设备与线路连接起来,由功能完善的软件实现资源共享和信息传递的系统。简言之,计算机网络就是一些互连的、自治的计算机系统的集合。

一个完整的计算机网络主要由硬件、软件、协议三大组成部分,其基本结构组成如图 3-1 所示。

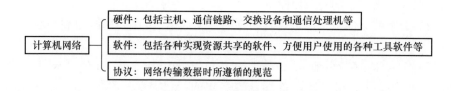

图 3-1 计算机网络的结构组成

硬件主要由主机(也称端系统)、通信链路(如双绞线、光纤等)、交换设备(如路由器、交换机等)和通信处理机(如网卡等)等组成。

软件主要包括各种实现资源共享的软件、方便用户使用的各种工具软件,如网络操作系统、邮件收发程序、FTP 程序、聊天程序等。软件大都属于应用层。

协议是计算机网络的核心,规定了网络传输数据时所遵循的规范。

计算机网络具有以下五大功能。

(1) 数据通信。它是计算机网络最基本和最重要的功能,用来实现联网计算机之间的各种信息的传输,并实现将分散在不同地理位置的计算机联系起来,进行统一的调配、控制和管理。例如,文件传输、电子邮件等应用,离开了计算机网络将无法实现。

(2) 资源共享。资源共享可以是软件共享、数据共享,也可以是硬件共享。使计算机网络中的资源互通有无、分工协作,从而极大地提高了硬件资源、软件资源和数据资源的利用率。

(3) 分布式处理。当计算机网络中的某个计算机系统负荷过重时,可以将其处理的某个复杂任务分配给网络中的其他计算机系统,从而利用空闲计算机资源以提高整个系统的利用率。

(4) 提高可靠性。计算机网络中的各台计算机可以通过网络互为替代机。

(5) 负载均衡。将工作任务均衡地分配给计算机网络中的各台计算机。

除了以上几大主要功能,计算机网络还可以实现电子化办公与服务、远程教育、娱乐等功能,满足了社会的需求,方便了人们的学习、工作和生活,具有巨大的经济效益。

3.2.2 计算机网络的分类

计算机网络具有多种分类方法。

1. 按分布范围分类

1) 广域网(WAN)

广域网的任务是提供长距离通信,运送主机发送的数据,其覆盖范围通常为几十千米到几万米的区域,因而有时也称为远程网。广域网是互联网的核心部分。连接广域网的各结点交换机的链路一般都是高速链路,具有较大的通信容量。

2) 城域网(MAN)

城域网的覆盖范围可以跨越几个街区甚至整个城市,覆盖范围约为 5~50km。城域网大多采用的以太网技术,因此有时也常并入局域网的范围进行讨论。

3) 局域网(LAN)

局域网一般用微机或工作站通过高速线路相连,覆盖范围较小,一般是指几十米到几千米的区域。局域网在计算机配置的数量上没有太多的限制,少的可以只有两台,多的可达几百台。传统上,局域网上使用广播技术,而广域网使用交换技术。

4) 个人区域网(Personal Area Network,PAN)

个人区域网是在个人工作的地方将消耗电子设备(如平板电脑、智能手机等)用无线技术连接起来的网络,也称为无线个人区域网(Wireless Personal Area Network,WPAN),其范围约为 10m。

2. 按传输技术分类

1) 广播式网络

所有联网计算机都共享一个公共通信信道。当一台计算机利用共享通信信道发送报文分组时,所有其他的计算机都会"收听"到这个分组。接收到该分组的计算机将通过检查目的地址来决定是是否接收该分组。局域网基本上都是采用广播式通信技术,广域网中的无线、卫星通信网络也采用广播式通信技术。

2) 点对点网络

每条物理线路连接一对计算机。如果通信的两台主机之间没有直接连接的线路,那它们之间的分组传输就要通过中间结点的接收、存储和转发,直至目的节点。是否采用分组存储转发与路由选择机制是点对点网络与广播式网络的重要区别,广域网基本都属于点对点网络。

3. 按拓扑结构分类

按网络的拓扑结构,主要分为星形、总线形、环形和网状形网络等。星形、总线形和环形网络多用于局域网,网状形网络多用于广域网。

1) 星形网络

每个终端或计算机都以单独的线路与中央设备相连。中央设备早期是计算机,现在一般是交换机或路由器。星形网络便于集中控制和管理,因为端用户之间的通信必须经过中央设备。星形网络的缺点是成本高、中心结点对故障敏感。

2) 环形网络

所有计算机接口设备连接成一个环。环形网络最典型的例子便是令牌环局域网。环可以是单环,也可以是双环,环中信号是单向传输的。

3）总线形网络

用单根传输线把计算机连接起来。总线形网络的优点是建网容易、增减结点方便、节省线路。缺点是重负载时通信效率不高、总线任意处对故障敏感。

4）树形网络

树形网络是树形拓扑从总线拓扑演变而来,形状像一棵倒置的树,顶端是树根,树根以下带分支,每个分支还可再带子分支。

5）网状形网络

一般情况下,每个节点至少有两条路径与其他节点相连,多用在广域网中,其优点是可靠性高,缺点是控制复杂、线路成本高。

以上五种基本的网络拓扑结构可以互联组织成为更复杂的混合网络,上述五种基本网络和混合网络的拓扑结构示意图如图3-2所示。

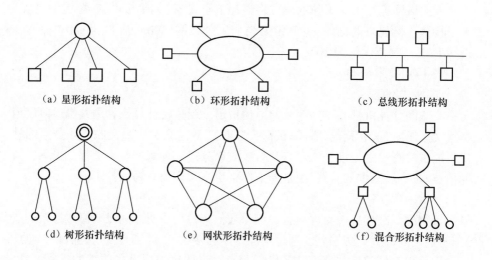

图3-2　计算机网络拓扑结构示意图

4. 按使用者分类

1）公用网

它是指电信公司出资建造的大型网络。"公用"的意思就是所有愿意按电信公司的规定缴纳费用的人都可以使用这种网络,因此也称为公用网。

2）专用网

它是某个部门为本单位的特殊业务的需要而建造的网络。这种网络不向本单位以外的人提供服务。例如,铁路、电力、军队等部门的专用网。

5. 按交换技术分类

交换技术是指主机之间、通信设备之间或主机与通信设备之间为交换信息所用的数据格式和交换装置的方式。按交换技术可将网络分为电路交换、报文交换与分组交换三种方式。

1）电路交换网络

在源节点和目的节点之间建立一条专用的通路用于传送数据,包括建立连接、传输数据和断开连接三个阶段。

最典型的电路交换网是传统电话网络,该类网络的主要特点是在数据传输的过程中,用户始终占用端到端的固定传输带宽,其优点是数据直接传送、延迟小,缺点是线路利用率低、不能充分利用线路容量、不便于进行差错控制。

2）报文交换网络

将用户数据加上源地址、目的地址、校验码等辅助信息,然后封装成报文,整个报文传送到相邻结点,全部存储下来后,再转发到下一个结点,重复这一过程直到到达目的节点。每个报文可以单独选择到达目的节点的路径。

报文交换网络的主要特点是整个报文先传送给相邻结点,全部存储下来后查找转发表,转发到下一个节点。报文交换网络的优点是可以较为充分利用线路容量,可以实现不同链路之间不同数据率的交换、格式转换、一对多及多对一的访问和差错控制。其缺点之一是增加了资源开销（如辅助信息导致处理时间和存储资源的开销）和缓冲延迟,需要额外的控制机制来保证多个报文的顺序不会乱序；缺点之二是缓冲区难以管理,因为报文的大小不确定,接收方在接收到报文之前不能预知报文的大小。

3）分组交换网络

分组交换网络原理是将数据分成较短的固定长度的数据块,在每个数据块中加上目的地址、源地址等辅助信息组成分组（包）,以存储转发方式传输。其主要特点是单个分组（这只是整个报文的一部分）传送到相邻节点,存储下来后查找转发表,转发到下一结点。除了具备报文交换的优点外,分组交换还具有自身的优点:缓冲易于管理,包的平均延迟更小,网络中占用的平均缓冲区更小,更易于标准化,更适合应用等。现在的主流网络基本上都可以看成是分组交换网络。

三种交换方式的比较如图 3-3 所示。

6. 按传输介质分类

按传输介质可以分为有线网络和无线网络两大类;有线网络分为双绞线网络、同轴电缆网络等;无线网络又可分为蓝牙、微波、无线电等类型。

3.2.3 计算机网络的性能指标

度量计算机网络性能的主要指标如下。

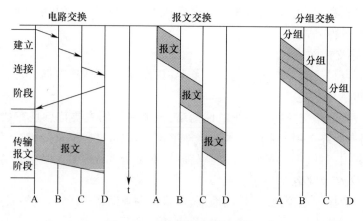

图 3-3 三种交换方式的比较

1. 速率

在计算机网络中,速率指的是数据的传输速率,即每秒传输的比特数量,也称为数据率或比特率。速率是计算机网络中最重要的一个性能指标,速率的单位是 bit/s,也可写为 b/s。

2. 带宽

在计算机网络中,带宽用来表示网络的通信线路传输数据的能力,即在单位时间内网络中通信线路所能传输的最高速率。由此可知,带宽的单位就是速率的单位 bit/s,即比特每秒。

网卡的带宽是 100Mb/s,即每秒最高能传输 100Mb 的数据量。但在平时生活中所说的带宽是以 MB 为单位来算的,如果把 100Mb 以 MB 为单位换算理论上是可以达到 12.5MB,但实际上可能也就 10MB 左右。

3. 吞吐量

吞吐量表示在单位时间内通过某个网络或接口的实际的数据量,包括全部的上传和下载的流量,如图 3-4 所示。

一般吞吐量用于对某个网络的一种测量,通过测量可以知道实际上有多少数据能够通过该网络,显然,网络带宽的大小或网络允许的最高速率限制会影响吞吐量。例如,对于一个 1Gb/s 的以太网,其额定速率(最高速率)是 1Gb/s,但其实际吞吐量可能只有 100Mb/s,甚至更低,远没有达到额定速率。

4. 时延

时延是指数据(一个报文或分组,甚至比特)从网络(或链路)的一端传送到另一端所需的时间。网络时延由发送时延、传播时延、排队时延和处理时延等部分组成。

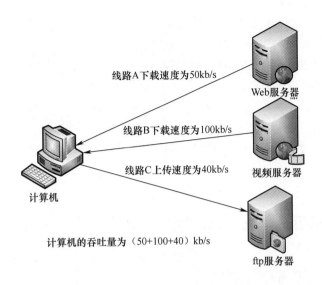

图 3-4 吞吐量

1）发送时延

发送时延是主机或路由器发送数据帧所需要的时间,也就是从该数据帧的第一个比特算起,直到最后一个比特发送完毕所需要的时间,即

$$发送时延 = \frac{数据帧长度(bit)}{发送速率(bit/s)}$$

2）传播时延

传播时延是电磁波在信道中传播一定的距离需要花费的时间,即

电磁波在自由空间中传播速率是光速,即 $3.0×10^5$ km/s,电磁波在网络传输媒介中的传播速率比在自由空间中要低一些,如在铜线中的传播速率为 $2.3×10^5$ km/s,在光纤中的传播速率为 $2.0×10^5$ km/s。例如,1000km 长的光纤线路产生的传播延时为 5ms,这里所说的铜线和光纤就代表着不同的信道。

$$传播时延 = \frac{信道长度(m)}{电磁波在信道上的传播速率(m/s)}$$

3）处理时延

主机或路由器在收到分组时要花费一定的时间进行处理。例如,分析首部,从分组中提取数据部分,进行差错校验或查找路由转发数据等,这就是处理时延。

4）排队时延

数据分组在网络中传输时,要经过许多路由器,但分组到达路由器时要先在输入队列中排队等待处理。在路由器确定了从哪个接口转发后,还要在输出队列中排队等待转发,这就是排队时延。排队时延的长短往往取决于网络当时的通信量,当网络通信流量较大时,就会发生队列溢出,使分组丢失,导致排队时延更大。

因此,数据在网络中经历的总时延就是以上四种时延之和,即

总时延=发送时延+传播时延+处理时延+排队时延

5. 往返时间

在计算机网络中,往返时间 RTT(Round-trip Time)也是一个非常重要的性能指标,它表示从发送端发送一个数据包开始,到接收到该数据包的确认所花费的时间。在互联网中,往返时延还包括各中间结点的处理时延、排队时延以及转发数据时的发送时延。

3.3 军事通信技术与网络

3.3.1 军事通信技术

军事通信是指军队中进行的通信手段,是运用有线电、无线电、光或其他通信手段及其系统,以符号、数据、文字、声音、图像、多媒体等作为信息载荷形式,实现对军事信息的传输、交换与处理的技术。在现代高技术战争环境中,军事通信技术起着神经中枢的作用,是信息化战争中决定胜负的重要因素之一。

3.3.1.1 军事通信技术的要求

军事通信技术应具有安全保密、快速机动反应、整体协同保障等方面的要求。

1) 安全保密

综合采取抗电磁侦察、截获及破译的技术,抗干扰技术,网络安全保护技术和安全保密技术,确保通信设施的安全和军事信息准确、高效和可靠地传输。

2) 机动协同

现代战争是多军种、兵种联合,陆、海、空、天、网络电磁多维空间战场协同的高技术战争。军事通信技术必须提供多层次、全方位、大纵深和立体覆盖,高度机动、迅速部署与灵活便捷的能力;具有多种通信手段并用、多种业务综合与通信资源共享的能力;实现不同网络之间互联互通。

3) 快速反应

现代战争战场态势瞬息万变,要求军事通信技术具有快速反应和实时调整、组织资源的能力,以适应战争进程的快速变化,确保军事通信的迅速和不间断。

4) 综合保障

现代战争是体系对体系的整体较量,因此现代军事通信技术必须能够适应保障通信联络的多方向性、重点方向上的多变性、不同层次上的交叉重复性、通信手

段上的综合与替代性等要求,构建不同指挥层次和军兵种通信网络间纵横相连、功能互补的一体化军事通信体系,以提升整体综合保障能力,充分发挥整体作战效能。

3.3.1.2 军事通信技术的应用

军事通信技术的主要应用如下。

1) 战略通信中的应用

一般以光纤通信技术、卫星通信技术为主,辅之以数字微波中继通信技术、散射通信技术、短波通信技术,应用战略级安全保密技术,构建一体化的战略军事通信网络。其主要特点是覆盖地域广阔,传输线路和设施相对固定,传输的信息流量大,能提供远距离定向、定点的大容量多媒体综合通信业务,网络的安全保密等级最高。

2) 战役、战术通信中的应用

以野战通信设施为主体,以战略通信网的固定通信设施为依托,构建区域性的机动通信系统,以保障军种、兵种、战区、集团军和师(旅)及师(旅)以下部(分)队作战指挥的需要。战役、战术通信系统中,要综合应用地域通信网、单工无线电台网、双工无线电移动通信网、战术卫星通信网、大气激光通信、空中转信等多种技术。其主要特点是以有线、无线通信相结合的栅格状通信网为覆盖作战区域的网络主体,机动性、抗毁性和保密性强,具有灵活便捷的组网及各种网络的互联、互通能力,在作战区域内能提供野战条件下的指挥、控制、协同、情报和警报传递、后方支援等通信保障。

3) 特殊条件下的应用

这方面的应用主要有水面以下的通信、边远地区的通信、恶劣电磁环境下的通信、核战争条件下的通信等。

未来军事通信技术将以数字化技术为核心,以微电子、光电子和人工智能等技术为支撑,以通信、计算机、网络技术交叉融合为标志。一方面有效整合利用已有通信资源和技术,实现通信网络的一体化,包括战术、战役、战略通信网络一体化及陆、海、空、天、潜通信网络的一体化;另一方面推动新的通信资源开发和新的通信技术发展,开展超宽带通信、超三代通信、全光通信、空间通信、量子通信、下一代网络通信、移动自组织特定网络通信等技术的研究。

3.3.1.3 军事通信与民用通信的区别

军事通信与民用通信有必然的联系,很多民用通信技术也可以用于军用,但军事通信和民用通信也有显著的区别。

1) 服务主体不一样

军事通信是军队为实施指挥,运用通信工具或其他方法进行的信息传递,它是保障军队指挥的基本手段。为完成军事通信任务而建立的通信系统是军队指挥系统的重要组成部分,是军队战斗力的要素之一。

而民用通信是为广大群众提供便利的联系方式,指人与人或人与自然之间通过某种行为或媒介进行的信息交流与传递。广义上是指需要信息的双方或多方,在不违背各自意愿的情况下,可采用任意方法和媒质,将信息从某方准确安全地传送到另一方。

2) 技术手段不同

军事通信分为无线电通信、有线电通信、光通信、运动通信和简易信号通信。其中无线电通信建立迅速,受地理条件的影响小,能与运动中的、方位不明的,以及被敌人分割或被自然障碍阻隔的部分队建立通信联络,它广泛应用于地面、航空、航海、宇宙航行通信中,是保障现代作战指挥的主要通信手段。而民用通信分为有线通信和无线通信,前者的传输媒质为看得见摸得着导线、电缆、光缆、波导、纳米材料等,后者是看不见摸不着的无线电波。

3) 对通信要求不同

军事通信要求统一计划,按级负责;通信建设兼顾平时与战时的需要,做到平时、战时都能保障通信联络的顺畅;要全面保障,确保重点,优先保障作战指挥的通信联络;战时以无线电通信为主,多种通信手段结合使用,野战通信装备与固定通信设施结合使用;要严密组织通信防护,确保通信的安全保密。

民用通信对安全性要求没有军事通信高,主要是能方便用户及时、稳定地沟通。

3.3.2 军事通信网络

军事通信网络是现代军队作战指挥系统的重要组成部分。随着武器装备机械化、信息化程度不断提升,现代军事活动的空间范围迅速扩大,作战单位机动性高,作战方式日趋复杂,军事活动产生的信息量大幅增加,军事活动的战机稍纵即逝,战场态势感知和作战指挥对于军事通信网络的依赖性越来越强,同时也要求军事通信网络具备反应速度快、信息传递准确、通信容量大、保密性强、稳定性高等性能特点。

3.3.2.1 美军通信网络

21世纪以来,卫星通信和激光通信等通信手段也在军事领域开始应用,军事通信进入海陆空天一体化发展阶段,形成了多维、多网系、多手段、宽频带、多模式的综合通信保障网络。美军现役通信系统分战略通信系统和战术通信系统两种。

1. 战略通信系统

美军战略通信的主要职责是保障美军最高指挥当局(总统和国防部长)与参联会、各军种部、九大联合司令部、情报机关、核战略部队、各大军事基地和各战区部队之间通信联络的畅通,以确保最高指挥当局对全球美军的指挥和控制。目前,美国总统通过战略通信系统逐级向第一线作战部队下达命令,最快只需 3~6min;在紧急情况下,总统可越级向战略核部队下达命令,最快只需 1~3min。美军的战略通信系统主要由国防通信系统、国防卫星通信系统、最低限度应急通信网等组成。

2. 战术通信系统

战术通信系统一般是指集团军以下的各级通信系统,其主要作用是为作战部队提供保障战役或战斗顺利进行所必需的通信联络。

战术通信系统主要由基本通信工具、平台通信系统和野战地域通信网构成。其中基本通信工具主要有无线电台、数据链、通信卫星、电话、传真等基础设施;平台通信系统主要指飞机、坦克、水面舰船和潜艇等作战平台,以及指挥所的通信设施;野战地域通信网是指在一定的作战地域内开设若干个干线节点或通信中心,通过电缆、光缆、微波中继线路、卫星通信线路和机载中继线路及数据链路等方式互联,形成一个栅格状可移动的公用干线网,而各级指挥所、各种作战平台与其他移动用户要想传输或获取话音、视频和数据等战场战术信息,都必须通过其入口节点入网才能实现。

目前,美军已建成全球最先进的军事通信和指挥控制系统,能满足美国军方各种通信需求。美军现有 30 个不同系列和 125 种以上型号的通信终端设备用于构建军事通信网络,其中具有代表性的包括单信道地面与机载无线电系统(SINCGARS)、联合战术无线电系统(JTRS)、通用数据链(Link16)、军事星系统(Milstar)、"三军"联合战术通信系统(TRI-TAC)、全球信息栅格(GIG)等。

1) 单信道地面与机载无线电系统

SINCGARS 是由背负、机动车载和机载甚高频/调频系列无线电台构成的,作为美国陆、海、空军和海军陆战队在近距离应用的新一代甚高频战斗网无线通信系统,具有电子反干扰能力,能够提供高度可靠的保密话音通信和数据通信。主要为美军旅、营及其低层次单位作战提供视距通信服务,十分适宜于执行战役战术任务的坦克、步战车、直升机、火炮或者排、班、组等小部队使用,是美军战场指挥员在前沿 20km 的范围内指挥部队和空中支援的主要手段,仅陆军使用的数量就超过了 25 万部。

2) 联合战术无线电系统

JTRS 的工作频率范围为 2MHz~3GHz,基本覆盖了高频、甚高频和特高频波段,有手持式、背负式、车载式、机载式、舰载式和固定式等型号产品,主要特点为支持多频段、多模式多信道、网络互联的通信模式。在复杂的战场环境下可以实现电台之间跨频段、跨时空的兼容互通,极大增强了部队之间的互相通信能力,为作战部队之间提供超视距的语音、数据、图像和视频通信网络,JTRS 有望成为美军在数字化战场中的主要通信手段。

3) 通用数据链

Link-16 数据链在美军战术体系中的作用十分重要,它可以把卫星、侦察机和预警机等各种探测系统获得的战术信息汇集起来,分发到战区内的美军各军兵种部队,使各级指挥员都能够同步近实时地感知战场态势,为美军在大规模"三军"协同联合作战中快速实施指挥决策、战术机动和战术控制等创造了必要条件。

4) 军事星系统

美军的战术通信卫星体系十分庞大,种类繁多,有国防卫星通信系统(DSCSⅢ)、军事星系统(Milstar)、全球广播系统(GBS)。其中 Milstar 是一种极高频的对地静止轨道军用卫星通信系统,已研制并发射了 2 代 6 颗星,能够为美军联合部队提供全球通信网络。军事星系统可以将地面终端发送和接收的信息直接通过卫星中继传输,因此在地面站被摧毁的情况下仍然可以保持系统的有效性。

5) "三军"联合战术通信

TRI-TAC 主要供军以上单位使用,用于美国陆军、海军、空军、海军陆战队之间及盟国部队之间协同通信。

6) 战术互联网

战术互联网是按互联网协议互联的一组战术(数字)无线电台、路由器、计算机硬件和软件的集合。美国陆军旅及旅以下战术互联网主要由三部分组成,即改进型"辛嘎斯"电台(SINCGARS-SIP)、增强型定位报告系统(EPLRS),及 21 世纪部队旅和旅以下作战指挥系统(FBCB2)。

7) 全球信息栅格

GIG 是美军在全球范围内建设的"军事互联网",GIG 试图通过整合现有各种信息资源,建立起一个供美国陆、海、空"三军"通用的全球通信网络,并以此为中介,把美军散布在全球范围内的传感器网、计算机网和武器平台网联为一体,最终形成一个全时、全维、全频谱和全球性的用于信息化作战的立体互联网,为美军实现互联、互通、互操作奠定基础。

3.3.2.2 我军通信网络

截至 21 世纪初,我军相继建成架空明线通信网、长途地下电缆通信网、光缆通信网等,相继配备短波单边带电台和微波接力、对流层散射、卫星通信等装备,建成短波通信网、卫星通信网、微波通信网,以及由卫星、电台、集群和双工移动通信等组成的军用移动通信系统和网络,基本形成平战结合、军民结合、有线与无线结合、机动与固定结合的具有中国特色的综合军事通信系统和网络,保障了军队平时活动和历次边、海防作战的通信联络。

为适应新军事革命和信息化战争作战指挥的需要,军事通信将进一步着力提升6种能力,即无缝的互联互通能力、广域的网系覆盖能力、快捷的应急机动通信能力、高效的信息处理能力、实时的频谱管控能力和综合的安全防护能力。

未来军事通信将广泛采用数字技术、微电子技术、光电子技术、超导电子技术、真空电子技术和通信抗干扰技术、软件无线电技术、认知无线电技术、通信网络技术等,并与计算机技术及其他信息技术进一步融合,信息传递与处理的自动化和智能化水平将不断提高。

无线电通信将开发利用极高频等更高的通信频段,数据链通信将得到进一步发展和应用,卫星移动通信将得到更大发展。光通信将向全光化、大容量的方向发展,中微子通信、量子通信等新技术手段将得到进一步研发,并向实用方向发展。

通信装备体制及其系统的发展将不断采用新的技术成果,不断提高有效性、可靠性、安全性、机动性和抗干扰、抗摧毁能力,将更加注重装备体制的顶层设计和系统集成,其"三化"即通用化、系列化、模块化水平将不断提高,逐步形成一体化平台,实现各类通信与信息装备的互联互通互操作。

机动通信网将从指挥所为中心的辐射式通信网发展为覆盖作战地区的网格式地域通信网;固定通信网将发展成为具有多种功能、立体化、由大容量信道组成、基于因特网协议IP的综合业务网;以人造卫星为骨干的天基信息系统将得到进一步发展;各类通信网络将向无缝链接、陆海空天一体、智能化、一体化的GIG方向发展。

随着通信技术手段和装备体制的不断发展,为适应信息化战争作战指挥与其他信息传输的需要,指挥通信、协同通信、报知通信、后勤通信、装备保障通信、武器控制通信和战略通信、战役通信、战术通信的组织实施,将向综合一体化方向发展。随着军事信息系统建设的不断完善,通信联络的组织将与指挥控制、情报侦察、预警探测、其他信息支援保障分系统,以及精确打击、效能评估等各类信息系统的运行有机融合,一体化实施。随着指挥、控制、通信、计算机(C^4)系统被替换为"通信系统",新的"通信系统"(大通信系统)成为通信网络和信息服务网络(程序)的总和,军事通信的基本任务,除了要为军队作战指挥、军事训练、战备值勤和其他军事活动提供精确、高效、安全、不间断的通信保障,还将为各类信息系统提供先进、通用、广泛、一体化的基础平台与技术支持。军事通信的整体职能,将在确保作战指挥控制信息传递顺畅,确保各类信息系统互联互通互操作的基础上,向军队信息化建设综合指导、联合作战信息综合保障、全域电磁频谱综合管理等新的领域拓展。

第4章
装备保障信息存储技术

信息存储是将经过加工整理序化后的信息按照一定的格式和顺序存储在特定的载体中的一种信息活动,其目的是便于信息管理者和信息用户快速、准确地识别、定位和检索信息。

信息的存储是信息在时间域传输的基础,也是信息得以进一步综合、加工、积累和再生的基础。本章首先简要概述信息存储技术,然后介绍磁盘与磁盘阵列的基本知识,接着简要介绍了传统网络存储系统和分布式存储系统,最后结合装备保障信息化建设实际,提出了装备保障信息的存储架构设计方案。

4.1 信息存储概述

4.1.1 信息存储的主要原则

信息存储的主要原则如下。

(1)开放性。"开放性"与"标准性"是同义词,即要求在信息存储中,无论是产品、设备和软件的选型,软件的工发等一系列工作应采用国际/国家标准或行业标准。

(2)实用性和先进性。实用有效是最主要的设计目标,设计结果应能满足需求,且切实有效。先进性是指信息的存储应该尽量采用计算机以及其他新兴材料作为信息储存的载体,并采用先进的存储结构。

(3)稳定性和可靠性。稳定可靠、安全地运作是系统设计的基本出发点,重要信息系统应采用容错设计,支持故障检测和恢复,安全措施有效可信,能够在软、硬件多个层次上实现安全控制。

(4)灵活性和可扩展性。存储配置灵活,提供备用和可选方案;能够在规模和性能两个方面进行扩展,使其性能有大幅度提升,以适应技术和应用发展的需要。

4.1.2 信息存储设备

存储设备是用于储存信息的设备,通常是将信息数字化后再以利用电、磁或光学等方式的媒体加以存储。常见的信息存储设备如下。

(1) 利用电能方式存储信息的设备,如 RAM(随机存储器)、ROM(只读存储器)等。

(2) 利用磁能方式存储信息的设备,如硬盘、软盘(已淘汰)、磁带、磁芯存储器、U 盘等。

(3) 利用光学方式存储信息的设备,如 CD 或 DVD 等。

(4) 利用磁光方式存储信息的设备,如 MO(磁光盘)等。

(5) 利用其他物理物如纸卡、纸带等存储信息的设备,如打孔卡、打孔带等。

(6) 专用存储系统,主要指利用高速网络进行大数据量存储信息的设备和系统。

存储器系统设计所追求的目标就是大容量、低成本和高速度,同时兼顾不同应用的其他需求。存储器的主要性能指标如下。

(1) 存储容量:存储字数×字长(如 1M×8 位),其中存储字数表示存储器的地址空间大小,字长表示一次存取操作的数据量。

(2) 单位成本:每位价格=总成本/总容量。

(3) 存储速度:数据传输率=数据的宽度/存储周期。

当前业界非常热门的一种新介质形态是 SCM(Storage Class Memory,存储类存储器),也称 PM(Persistent Memory,持久存储器)介质或者 NVM(Non-Volatile Memory,非易失性存储器)介质,它同时具备持久化和快速字节级访问的特点。SCM 介质的访问时延普遍小于 $1\mu s$,比当前常用的 NAND Flash 快 2~3 个数量级,读/写时也没有 NAND Flash 顺序写入和写前擦除的约束,操作过程更简单;同时,SCM 介质的在寿命和数据保持能力方面的表现也远超 NAND Flash。基于这些特点,业界普遍认为 SCM 会成为颠覆存储系统设计的新一代介质,并优先应用于性能和可靠性要求较高的场景。

4.1.3 多级存储系统

存储器是计算机系统中用于存放程序和数据的信息存储设备。计算机中的全部信息,包括输入的原始数据、计算机程序、中间运行结果和最终运行结果都保存在存储器中。它根据控制器指定的位置存入和取出信息。

计算机中的存储系统是指由存放程序和数据的各种存储设备、控制部件及管理信息调度的设备(硬件)和算法(软件)所组成的系统。为了解决存储系统大容量、高速度和低成本三个相互制约的矛盾,利用程序的局部性原理,在计算机系统中,通常采用多级存储器结构,如图4-1所示。从L0到L6级由上至下,价位越来越低,速度越来越慢,容量越来越大,CPU访问的频度也越来越低。

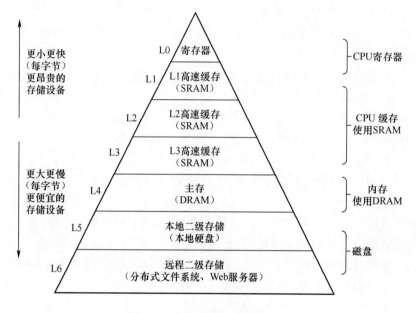

图4-1　多级存储器结构示意图

计算机存储系统典型结构如图4-2所示。

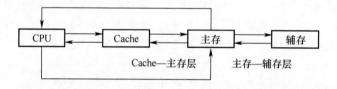

图4-2　三级存储系统的层次结构及其构成

主存又称内存,用于存放计算机运行期间所需的大量程序和数据,CPU可以直接随机地对其进行访问,也可以告诉缓冲存储器(Cache)及辅助存储器交换数据,其特点是容量较小、存取速度较快、单位价格较高。计算机中所有程序的运行都是在内存中进行的,因此内存的性能对计算机的影响非常大。内存的作用是暂时存放CPU中的运算数据以及与硬盘等外部存储器交换的数据。只要计算机在运行中,CPU就会把需要运算的数据调到内存中进行运算,当运算完成后CPU再将结果传送出来。

Cache 位于主存和 CPU 之间,用来存放正在执行的程序段和数据,以便 CPU 能高速地使用它们。Cache 的存取速度可与 CPU 的速度匹配,但存储容量小、价格高。目前的高档计算机通常将它们制作在 CPU 中。

实际上,存储系统的层次结构主要体现在"Cache—主存"层次和"主存—辅存"层次。前者主要解决 CPU 和主存速度不匹配的问题,后者主要解决存储系统容量的问题。在存储体系中,Cache、主存能与 CPU 直接交换信息,辅存则要通过主存与 CPU 交换信息;主存与 CPU、Cache 和辅存都能交换信息。

4.2 磁盘与磁盘阵列

4.2.1 磁盘

磁盘是计算机主要的存储介质,可以存储大量的二进制数据,并且断电后也能保持数据不丢失。当前最常用的磁盘是硬磁盘,简称硬盘(Hard Disk)。硬盘大体上分为三种:机械硬盘(Hard Disk Drive,HDD)、固态硬盘(Solid State Drive,SSD)和固态混合硬盘(Solid-State Hybrid Hard Disk,SSHD)。

4.2.1.1 机械硬盘

机械硬盘即传统硬盘,是最基本的电脑存储器。自 1956 年诞生世界上第一块硬盘至今已 60 多年了,1973 年,Winchester 硬盘的诞生确立了硬盘的基本架构。随着硬盘技术的发展,数据密度越来越大,硬盘体积越来越小,读/写速度更快,存储容量从兆字节、吉字节扩展到了太字节级,转速达到了 10000r/min。

机械硬盘主要由磁盘盘片、磁头、主轴与传动轴等组成,数据就存放在磁盘盘片中。一个磁盘盒内可有多块磁盘,每块磁盘有两个盘面,每个盘面对应一个磁头。硬盘是上下双磁头,盘片在两个磁头中间高速旋转。各盘片包括磁道和扇区。以盘面中央为圆心,不同半径的同心圆称为磁道,磁道是盘面上以特殊方式磁化了的一些磁化区,磁盘上的信息便是沿着这样的轨道存放。磁盘上的每个磁道被等分为若干个弧段,这些弧段便是磁盘的扇区。磁盘驱读写的基本单位是扇区,磁盘驱动器是按照扇区为单位操作磁盘数据的,单扇区字节数大小一般是 512B。机械硬盘的基本结构如图 4-3 所示。

机械硬盘是上、下盘面同时数据读取的,而且机械硬盘的旋转速度达 7200r/min 以上,所以机械硬盘在读取或写入数据时,非常害怕晃动和磕碰。另外,因为机械硬盘的超高转速,若内部有灰尘,则会造成磁头或盘片的损坏,所以机械硬盘内部是封闭的,在有尘环境下禁止拆开机械硬盘。

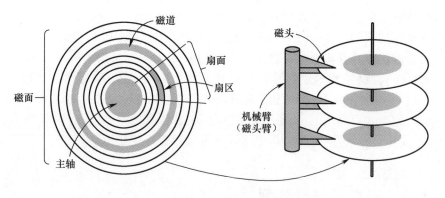

图 4-3　机械硬盘结构

4.2.1.2　固态硬盘

固态硬盘是用固态电子存储芯片阵列而制成的硬盘,由控制单元、存储单元和缓存单元组成,如图 4-4 所示。区别于机械硬盘由磁盘、磁头等机械部件构成,整个固态硬盘结构无机械装置,全部是由电子芯片及电路板组成。固态硬盘在接口的规范和定义、功能及使用方法上与普通硬盘的完全相同,在产品外形和尺寸上也完全与普通硬盘一致。

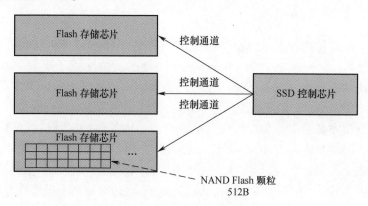

图 4-4　固态硬盘基本结构

固态硬盘的全集成电路化、无任何机械运动部件的革命性设计,从根本上解决了对于数据读写稳定性的需求。全集成电路化设计可以让固态硬盘做成任何形状。与传统硬盘相比具有以下优点。

(1) SSD 不需要机械结构,完全的半导体化,不存在数据查找时间、延迟时间和磁盘寻道时间,数据存取速度快。

(2) SSD 全部采用闪存芯片,经久耐用,防震、抗摔,即使发生与硬物碰撞,数据丢失的可能性也能够降到最小。

（3）得益于无机械部件及FLASH闪存芯片，SSD没有任何噪声，功耗低。

（4）质量轻，比常规1.8in硬盘质量轻20~30g，使得便携设备搭载多块SSD成为可能。

4.2.1.3 固态混合硬盘

固态混合硬盘是机械硬盘与固态硬盘的结合体，采用容量较小的闪存颗粒用来存储常用文件，而磁盘才是最重要的存储介质，闪存仅起到了缓存作用，将更多的常用文件保存到闪存内减小寻道时间，从而提升效率，其内部结构如图4-5所示。固态混合硬盘集传统硬盘和固态硬盘之所长，速度快、容量大、预算合理，为用户获得更高设备性能、更丰富的应用提供了一种性价比高的实现方式。

图4-5 SSHD内部机构

4.2.2 硬盘接口技术

硬盘接口是硬盘与主机系统间的连接部件，作用是在硬盘和主机内存之间传输数据，不同的硬盘接口决定着硬盘与控制器之间的连接速度。在整个系统中，硬盘接口的性能高低对磁盘阵列整体性能有直接的影响，每种接口协议拥有不同的技术规范，具备不同的传输速度，其存取效能的差异较大。

硬盘接口通常分为5种类型。

1) IDE接口

IDE(Integrated Drive Electronics，电子集成驱动器)的本意是指把"硬盘控制器"与"盘体"集成在一起的硬盘驱动器，如图4-6所示。把盘体与控制器集成在一起的做法减少了硬盘接口的电缆数目与长度，数据传输的可靠性得到了增强，硬盘制造起来更容易，硬盘厂商也不用担心其硬盘与其他厂商控制器之间的兼容问题,用户安装起来也更为方便。IDE 接口的优点是价格低廉、兼容性强、性价比高,缺点是数据传输速度慢、线缆长度过短、连接设备少。

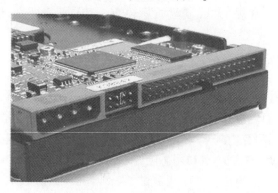

图 4-6 IDE 接口硬盘

ATA(Advanced Technology Attachment,高技术配置)技术是一个关于 IDE 的技术规范族。最初,IDE 只是一项企图把控制器与盘体集成在一起的硬盘接口技术,随着 IDE 的日益广泛应用,全球标准化协议将该接口自诞生以来使用的技术规范归纳成为全球硬盘标准,这样就产生了 ATA,而 IDE 接口,也称并行传输 ATA(Parallel ATA,PATA)。

2) SATA 接口

SATA(Serial ATA)即串行传输 ATA,相对应 PATA 模式的接口来说,SATA 是用串行线路传输数据,但是指令集不变,仍然是 ATA 指令集。SATA 接口根据传输速度的不同又分为三种:SATA(1.5Gb/s)、SATAⅡ(3.0Gb/s)、SATAⅢ(6.0Gb/s)。SATA 接口采用新的设计结构,数据传输快,抗干扰性强,节省空间,且对数据线的长度要求比 ATA 低很多,支持热插拔等功能,是现在最常见、最通用的硬盘接口。

3) SCSI 接口

SCSI(Small Computer System Interface,小型计算机系统接口)是一种专门为小型计算机系统设计的存储单元接口模式(图 4-7),具有应用范围广、多任务、带宽大、CPU 占用率低、热插拔等优点,通常用于服务器中,承担关键业务的存储负载,其独特的技术优势保障 SCSI 一直在中、高端服务器和高档工作站中占主导地位,但其较高的价格使它很难如 IDE 硬盘般普及。

4) SAS 接口

SAS(Serial Attached SCSI)即串行连接 SCSI,是新一代的 SCSI 技术,和 SATA 硬盘相同,都是采取序列式技术以获得更高的传输速度,可达到 3Gb/s。SAS 是并行 SCSI 接口之后开发出的全新接口,此接口的设计改善了存储系统的效能、可用性和扩充性,并且提供与 SATA 硬盘的兼容性,SAS 的接口技术可以向下兼容 SATA。

图 4-7　SCSI 接口硬盘

5) 光纤通道接口

FC(Fibre Channel)和 SCSI 接口一样,最初也不是为硬盘设计开发的接口技术,而是专门为网络系统设计的,但随着存储系统对速度的需求逐渐应用到硬盘系统中(图 4-8)。光纤通道硬盘的出现大大提高了多硬盘系统的通信速度,能满足高端工作站、服务器、海量存储子网络、外设间通过集线器、交换机和点对点连接进行双向、串行数据通信等系统对高数据传输率的要求。光纤通道的主要特性有:热插拔性、高速带宽、远程连接、连接设备数量大等。

图 4-8　光纤通道接口

目前,用于 ATA 指令系统的有 IDE 接口和 SATA 接口,前者多用于家用产品中,目前已淘汰,后者还正处于市场普及阶段,在家用市场中有着广泛的前景。用于 SCSI 指令系统的有并行 SCSI 接口、串行 SCSI(SAS),以及承载于 Fibre Channel 协议的串行 FC 接口(FCP)。并行 SCSI 接口主要应用于服务器市场,目前已淘汰;SAS 可支持 SAS 和 SATA 磁盘,能很方便地满足不同性价比的存储需求,是具有高性能、高可靠和高扩展性的解决方案。FC 接口价格昂贵,只用于高端服务器上。此外,固态硬盘接口类型还有 SATA、mSATA、M.2、SATAExpress、PCI-E 及 U.2 等。

4.2.3 磁盘阵列技术

磁盘阵列(Redundant Arrays of Independent Disks, RAID),其基本思想就是把多个相对便宜的硬盘组合起来,成为一个硬盘阵列组,使性能达到甚至超过一个价格昂贵、容量巨大的硬盘。RAID 把多个硬盘组合成为一个逻辑扇区,因此,操作系统只会把它当作一个硬盘。RAID 常被用在服务器电脑上,并且常使用完全相同的硬盘作为组合。

4.2.3.1 磁盘阵列概述

RAID 是一类多磁盘管理技术,其初衷是为大型服务器提供高端的存储功能和冗余的数据安全。在整个系统中,RAID 是由两个或更多磁盘组成的存储空间,通过并发地在多个磁盘上读写数据来提高存储系统的输入/输出(I/O)性能。

从实现角度看,RAID 主要分为软 RAID、硬 RAID 和软/硬混合 RAID 三种。软 RAID 所有功能均由操作系统和 CPU 来完成,没有独立的 RAID 控制/处理芯片和 I/O 处理芯片,效率最低。硬 RAID 配备了专门的 RAID 控制/处理芯片和 I/O 处理芯片以及阵列缓冲,不占用 CPU 资源,但成本很高。软硬混合 RAID 具备 RAID 控制/处理芯片,但缺乏 I/O 处理芯片,需要 CPU 和驱动程序来完成,性能和成本折中。

4.2.3.2 RAID 关键技术

RAID 中主要有三个关键技术:镜像(Mirroring)、数据条带(Data Striping)和数据校验(Data Parity)。

1) 镜像

镜像是一种冗余技术,为磁盘提供保护功能,防止磁盘发生故障而造成数据丢失。对于 RAID 而言,采用镜像技术,将会同时在阵列中产生两个完全相同的数据副本,分布在两个不同的磁盘驱动器组上。镜像提供了完全的数据冗余能力,当一个数据副本失效不可用时,外部系统仍可正常访问另一副本,不会对应用系统的运行和性能产生影响。而且,镜像不需要额外的计算和校验,故障修复非常快,直接复制即可。镜像技术可以从多个副本进行并发读取数据,提供更高的读 I/O 性能,但不能并行写数据,写多个副本会会导致一定的 I/O 性能降低。镜像技术提供了非常高的数据安全性,但其代价也是非常昂贵的,即需要至少双倍的存储空间。高成本限制了镜像的广泛应用,目前其主要应用限于至关重要的数据保护。

2) 数据条带

RAID 由多块磁盘组成,数据条带技术将数据以块的方式分布存储在多个磁盘中,从而可以对数据进行并发处理。这样写入和读取数据就可以在多个磁盘上同时进行,并产生非常高的聚合 I/O,有效提高了整体 I/O 性能,而且具有良好的线性扩展性。这对大容量数据尤其显著,如果不分块,数据只能按顺序存储在磁盘阵列的磁盘上,需要时再按顺序读取,而通过条带技术,可获得数倍于顺序访问的性能提升。数据条带是基于提高 I/O 性能而提出的,也就是说它只关注性能,而对数据可靠性、可用性没有任何改善。实际上,其中任何一个数据条带损坏都会导致整个数据不可用,采用数据条带技术反而增加了数据发生丢失的概率。

3) 数据校验

数据校验是一种冗余技术,它用校验数据来提供数据的安全,可以检测数据错误,并在能力允许的前提下进行数据重构。相对镜像,数据校验大幅缩减了冗余开销,用较小的代价换取了极佳的数据完整性和可靠性。数据条带技术提供高性能,数据校验提供数据安全性,RAID 不同等级往往同时结合使用这两种技术。

采用数据校验时,RAID 要在写入数据同时进行校验计算,并将得到的校验数据存储在 RAID 成员磁盘中。校验数据可以集中保存在某个磁盘或分散存储在多个不同磁盘中,甚至校验数据也可以分块,不同 RAID 等级的实现方式各不相同。当其中一部分数据出错时,就可以对剩余数据和校验数据进行反校验计算重建丢失的数据。校验技术相对于镜像技术的优势在于节省大量开销,但由于每次数据读写都要进行大量的校验运算,对计算机的运算速度要求很高,必须使用硬件 RAID 控制器。在数据重建恢复方面,检验技术比镜像技术复杂得多且慢得多。

通过 RAID 技术,可实现以下三个基本功能。

(1) 通过磁盘数据条带化,可以实现对数据的块访问,减少了磁盘的机械搜索时间,提高了数据访问速度。

(2) 通过同时排列数组中的多个磁盘,可以减少磁盘的机械搜索时间,并提高数据访问速度。

(3) 通过镜像或者存储奇偶校验信息的方式,实现了对数据的冗余保护。

4.2.3.3 常用 RAID 等级

RAID 主要利用数据条带、镜像和数据校验技术来获取高性能、可靠性、容错能力和扩展性,根据运用或组合运用这三种技术的策略和架构,可以把 RAID 分为不同的等级,以满足不同数据应用的需求。目前,业界公认的标准是 RAID 0~RAID 5,而实际应用最多的是 RAID 0、RAID 1、RAID 5、RAID 6 和 RAID 10。

1) RAID 0

RAID 0 是一种简单的、无数据校验的数据条带化技术,是所有 RAID 中存储性能最强的阵列形式。RAID 0 将所在磁盘条带化后组成大容量的存储空间,将数据分散存储在所有磁盘中,以独立访问方式实现多块磁盘的并读访问,如图 4-9

所示。它可以合并的硬盘数量是 2~32 个硬盘，合并后的硬盘容量即为每个硬盘容量的总和。理论上讲，一个由 n 块磁盘组成的 RAID 0，其读/写性能是单个磁盘性能的 n 倍，但由于总线带宽等多种因素的限制，实际的性能提升低于理论值。

RAID 0 具有低成本、高读/写性能、100%的高存储空间利用率等优点，但是它不提供数据冗余保护，一旦数据损坏，将无法恢复。因此，RAID 0 一般适用于对性能要求严格但对数据安全性和可靠性不高的应用，如视频、音频存储、临时数据缓存空间等。

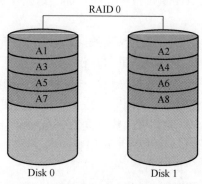

图 4-9　RAID 0：无冗错的数据条带

2）RAID 1

镜像磁盘阵列，把一个磁盘的数据镜像到另一个磁盘上，采用镜像容错来提高可靠性，具有 RAID 中最高的数据冗余能力，如图 4-10 所示。RAID 1 具有最高的安全性，但只有一半的磁盘空间被用来存储数据，主要用在对数据安全性要求很高，而且要求能够快速恢复被损坏的数据的场合，如商业金融、档案管理等领域。

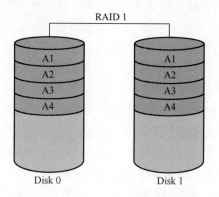

图 4-10　RAID 1：无校验的相互镜像

3）RAID 5

RAID 5 的磁盘上同时存储数据和校验数据，数据块和对应的校验信息存保存在不同的磁盘上,当一个数据盘损坏时,系统可以根据同一条带的其他数据块和对应的校验数据来重建损坏的数据,如图 4-11 所示。与其他 RAID 等级一样,重建数据时,RAID 5 的性能会受到较大的影响。

RAID 5 兼顾存储性能、数据安全和存储成本等各方面因素,可视为 RAID 0 和 RAID 1 的折中方案,是目前综合性能最佳的数据保护解决方案。RAID 5 基本上可以满足大部分的存储应用需求,数据中心大多采用它作为应用数据的保护方案。

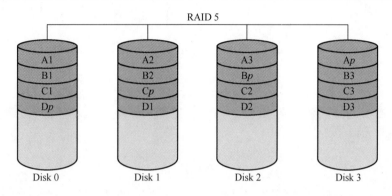

图 4-11　RAID 5:带分散校验的数据条带

4) RAID 6

前面所述的各个 RAID 等级都只能保护因单个磁盘失效而造成的数据丢失,如果两个磁盘同时发生故障,数据将无法恢复。RAID 6 引入双重校验的概念,当阵列中同时出现两个磁盘失效时,该阵列仍能够继续工作,且不会发生数据丢失。

RAID 6 可以看作是一种 RAID 5 的扩展,是在 RAID 5 的基础上为了进一步增强数据保护而设计的一种 RAID 方式。RAID 6 不仅要支持数据的恢复,还要支持校验数据的恢复,因此实现代价很高,控制器的设计也比其他等级更复杂、更昂贵。RAID 6 思想最常见的实现方式是采用两个独立的校验算法,假设称为 P 和 Q,校验数据可以分别存储在两个不同的校验盘上,或者分散存储在所有成员磁盘中。当两个磁盘同时失效时,即可通过求解二元方程来重建两个磁盘上的数据,如图 4-12所示。

RAID 6 具有快速的读取性能和更高的容错能力,但是它的成本要远高于RAID 5,写性能也较差,设计和实施也非常复杂。因此,RAID 6 很少得到实际应用,主要用于对数据安全等级要求非常高的场合。

5) RAID 10

RAID 10 也称为 RAID 10 标准,实际是将 RAID 1 和 RAID 0 标准结合的产物,在连续地以位或字节为单位分割数据并且并行读/写多个磁盘的同时,为每一块磁盘作磁盘镜像进行冗余,如图 4-13 所示。它的优点是同时拥有 RAID 0 的超凡速

057

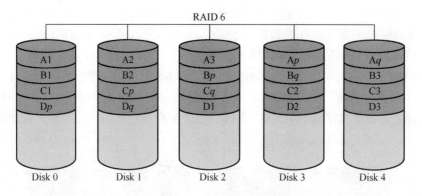

图 4-12　RAID 6：带双重分散校验的数据条带

度和 RAID 1 的数据高可靠性，但是 CPU 占用率同样也更高，而且磁盘的利用率比较低，只有 50%。

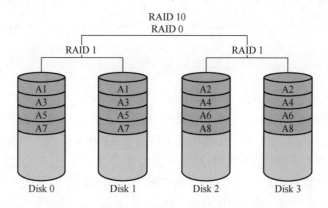

图 4-13　RAID 10 模型

　　RAID 0 和 RAID 1 最少都需要两块磁盘，RAID 0 最大化了效能和储存空间，其不注重安全性，因此比较适合放一些消失不见也没关系的档案。RAID 1 则是安全性最大化，适合放一些重要的数据。RAID 6 的安全性高于 RAID 5，但其空间利用率低于 RAID 5。各主要 RAID 模式的区别见表 4-1。

表 4-1　各主要 RAID 模式的区别

RAID 等级	最少硬盘	最大容错	可用容量	读取性能	写入性能	安全性	目的	应用产业
0	2	0	n	n	n	一个硬盘异常则全部硬盘异常	追求最大容量、速度	视频剪接缓存用途

058

(续)

RAID等级	最少硬盘	最大容错	可用容量	读取性能	写入性能	安全性	目的	应用产业
1	2	$n-1$	1	n	1	最高，一个正常即可	追求最大安全性	个人、企业备份
5	3	1	$n-1$	$n-1$	$n-1$	高	追求最大容量、最小预算	个人、企业备份
6	4	2	$n-2$	$n-2$	$n-2$	安全性较 RAID 5 高	同 RAID 5，但较安全	个人、企业备份
10	4	$n/2$	$n/2$	n	$n/2$	安全性高	综合 RAID 0/1 优点，理论速度较快	大型数据库、服务器

4.3 传统网络存储系统

早期的数据存储一般以磁盘、磁盘阵列等设备为外设，围绕服务器通过直连的方式进行存储。而近年来，随着网络技术的发展，服务器的数据读取范围也得到了很大拓展，逐渐实现了现在的网络存储。相较于传统存储来说，网络存储的优势更加突出，其不但安装便捷、成本低廉，并且还能够大规模地拓展存储设备，从而有效满足了海量数据存储对存储空间的需求。

高端服务器使用的专业网络存储技术主要有三种：直连式存储（Direct Attached Storage，DAS）、网络附加存储（Network Attached Storage，NAS）和存储区域网络（Storage Area Network，SAN）。它们都可以使用 RAID 阵列提供高效的安全存储空间。

4.3.1 直连式存储

DAS 是指将存储设备通过 SCSI 线缆或 FC 直接连接到服务器上。DAS 为服务器提供块级的存储服务（不是文件系统级）。到目前为止，DAS 仍是计算机系统中最常用的数据存储方法，它依赖于服务器，其本身是硬件的堆叠，不带有任何存储操作系统。

基于存储设备与服务器间的位置关系，DAS 分为内部 DAS 和外部 DAS 两类。

在内部 DAS 中，存储设备通过服务器机箱内部的并行或串行总线连接到服务器上，因而只能支持短距离的高速数据传输。此外，很多内部总线能连接的设备数目也有限，难以扩展。

在外部 DAS 中,服务器与外部的存储设备直接相连。在大多数情况下,他们之间通过 FC 协议或者 SCSI 协议进行通信。与内部 DAS 相比,外部 DAS 克服了内部 DAS 对连接设备的距离和数量的限制,还可以对存储设备集中化管理,更加方便,其基本结构如图 4-14 所示。

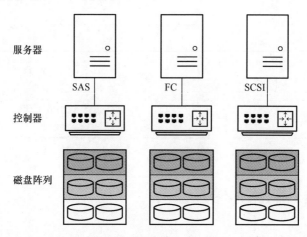

图 4-14　DAS 基本结构图

DAS 购置成本低,配置简单,因此对于小型企业很有吸引力,但也存在诸多问题。

(1) 服务器本身容易成为系统瓶颈。

(2) 服务器发生故障,则数据不可访问。

(3) 对于存在多个服务器的系统来说,设备分散,不便管理。

(4) 数据备份操作复杂。

4.3.2　网络附加存储

NAS 是一个共享存储设备,可以向开放式系统服务器提供整合的文件系统和存储服务。应用程序和用户之间的通信采用 NFS(Network File System,网络文件系统)协议、CIFS(Common Internet File System,通用网络文件系统)、HTTP、FTP 等协议,这些协议运行在 IP 之上。NAS 为异构平台使用统一存储系统提供了解决方案,一般支持多计算机平台,用户通过网络支持协议可进入相同的文档,因而 NAS 设备无须改造即可用于混合 Unix/Windows NT 局域网内,其基本结构如图 4-15 所示。

NAS 作为一种瘦服务器系统,允许客户机不通过服务器直接在 NAS 中存取数据,可以减少服务器系统开销。此外,NAS 只需要在一个基本的磁盘阵列柜外增

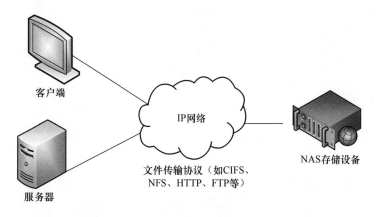

图 4-15 NAS 基本结构图

加一套瘦服务器系统,对硬件要求很低,软件成本也不高,甚至可以使用免费的 Linux 解决方案,成本只比 DAS 略高。NAS 产品支持即插即用,易于安装和部署,管理使用也很方便。

NAS 的主要缺点如下:

(1) 受限的数据库支持,NAS 文件服务器不支持需大量依赖于数据库处理结果的应用(块级应用)。

(2) 它是一种专用设备,缺乏灵活性。

(3) NAS 的备份与恢复相当困难。

4.3.3 存储区域网络

SAN 是一种通过网络方式连接存储设备和应用服务器的存储架构,这个网络专用于服务器和存储设备之间的访问。当有数据的存取需求时,数据可以通过 SAN 在服务器和后台存储设备之间传输。SAN 代表的是一种专用于存储的网络架构,与协议和设备类型无关。

根据传输方式的不同,SAN 主要有如下两种存储方案。

(1) 采用光纤通道技术的 FC-SAN,较为成熟,且性能较为优异,但存在兼容性差,成本高昂,扩展能力差和异构化严重等问题。

(2) 基于 IP 的存储的 IP-SAN,主要有 FCIP(Fibre Channel Over IP)、iFCP(Internet Fibre Channel Protocol)、mFCP(Metro Fibre Channel Protocol)、iSCSI(Internet SCSI)等,最典型的是 iSCSI。IP-SAN 容易扩展成超大规模的存储网络,不必受光纤通道 SAN 的距离限制,连接在 IP 网络上的服务器都能享用网络存储服务,连接灵活多样,有较高的性能价格比。

FC-SAN 和 IP-SAN 的基本结构图如图 4-16 所示。

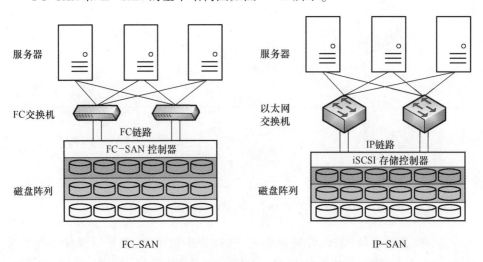

图 4-16 FC-SAN 和 IP-SAN 基本结构图

DAS、NAS、FC-SAN、IP-SAN 四种方案对比分析见表 4-2。

表 4-2 存储结构/性能对比

存储结构/性能对比	DAS	NAS	FC-SAN	IP-SAN
成本	低	较低	高	较高
数据传输速度	快	慢	极快	较快
扩展性	无扩展性	较低	易于扩展	最易扩展
服务器访问存储方式	块存储	文件存储	块存储	块存储
服务器系统性能开销	低	较低	低	较高
安全性	高	低	高	低
是否集中管理存储	否	是	是	是
备份效率	低	较低	高	较高
网络传输协议	无	TCP/IP	FibreChannel	TCP/IP

在实际运用中，可根据使用场景选择不同的存储方式，对于小型且服务较为集中的商业企业，可采用简单的 DAS 方案。对于中小型商业企业，服务器数量比较少，有一定的数据集中管理要求，且没有大型数据库需求的可采用 NAS 方案。对于大中型商业企业，SAN 和 iSCSI 是较好的选择。如果希望使用存储的服务器相对比较集中，且对系统性能要求极高，可考虑采用 SAN 方案；对于希望使用存储的服务器相对比较分散，又对性能要求不是很高的，可以考虑采用 iSCSI 方案。

4.4 分布式存储系统

大数据导致了数据量的爆发式增长,传统的集中式存储(如 NAS 和 SAN)在容量和性能上都无法较好地满足大数据的需求。因此,具有优秀的可扩展能力的分布式存储成为大数据存储的主流架构方式。

分布式存储系统,是将数据分散存储在多台独立的设备上。传统的网络存储系统采用集中的存储服务器存放所有数据,存储服务器成为系统性能的瓶颈,也是可靠性和安全性的焦点,不能满足大规模存储应用的需要。分布式网络存储系统采用可扩展的系统结构,利用多台存储服务器分担存储负荷,利用位置服务器定位存储信息,它不但提高了系统的可靠性、可用性和存取效率,还易于扩展。

分布式存储系统需要解决的关键技术问题包括诸如可扩展性、数据冗余、数据一致性、全局命名空间缓存等,从架构上来讲,大体上可以将分布式存储分为 C/S (Client Server)架构和 P2P(Peer-to-Peer)两种架构。当然,也有一些分布式存储中会同时存在这两种架构方式。

分布式存储的数据类型有以下三类。

(1)非结构化的数据:数据结构不规则或不完整,没有预定义的数据模型,不方便用数据库二维逻辑表来表现的数据,包括所有格式的办公文档、文本、图像和音频/视频信息等。

(2)结构化的数据:由明确定义的数据类型组成,其模式可以使其易于搜索,最典型的是关系型数据库的表。

(3)半结构化的数据:介于上述两种数据类型之间,数据之间的关系简单,典型代表是 html 文件。

根据处理的数据类型的不同,分布式存储系统主要分为分布式文件系统、分布式键值系统、分布式表格和分布式数据库等几种方式。

4.4.1 分布式文件系统

互联网应用需要存储大量的图片、文字、照片和视频等各种非结构化的数据对象,这类数据以对象的形式进行组织,对象之间没有关联关系,这样的数据一般称为 Blob 数据。

从总体上看,分布式文件系统存储三种数据:Blob 对象、定长块与大文件,如图 4-17 所示。在系统的实现层面,分布式文件系统内部按照数据块(Chunk)来组织数据,每个数据块的大小相同,每个数据可以包含多个 Blob 对象或者定长块,一个大文件也可以拆分成为多个数据块。分布式文件系统将这些数据块分散存储到分布式存储集群中去,处理数据的复制、一致性、负载均衡、容错等分布式系统难题,并将用户对 Blob 对象、定长块以及文件的操作映射成为对底层数据块的操作。

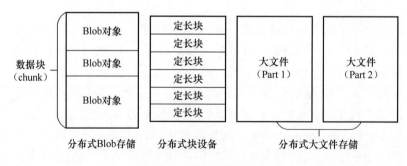

图 4-17 分布式文件系统

分布式文件系统用于存储 Blob 数据对象,解决了海量文件存储及传输访问的瓶颈问题,典型的系统有 Facebook Haystack 和 Taobao File System。另外,分布式文件系统也常作为分布式表格系统和分布式数据库系统的底层存储。

4.4.2 分布式键值系统

存储数据关系简单的半结构化的数据,通过键值来管理半结构化的数据,一般用作缓存系统,一致性哈希算法是键值系统中常见的数据分布技术,它只对外提供主键的 CRUD 创建、查找、页双、删除)操作,根据主键创建、读取、更新或者删除一条键值记录。

典型的分布式键值存储系统有 Amazon Dynamo 和 Taobao Tair。从数据结构的角度来看,分布式键值存储系统与传统的哈希表比较相似,不同的是,分布式键值系统支持将数据存储到分布式集群中的多个存储节点。分布式键值系统是分布式表格系统的一种简化的实现,一般用来对数据进行缓存,如 Taobao Tair。一致性哈希是分布式键值系统中常用的数据分布技术。

4.4.3 分布式表格系统

分布式表格系统用于存储关系比较复杂的半结构化数据,与分布式键值系统相比,分布式表格系统不仅仅支持简单的 CRUD 操作,而且支持扫描某个主键范围。分布式表格系统以表格为单位组织数据,每个表格包括很多行,通过主键标识一行,支持根据主键的 CRUD 功能以及范围查找功能。

分布式表格系统借鉴了很多关系数据库的技术,如支持某种程度上的事务。典型的系统如 Google 的 Bigtable、Apache 的 HBase 和 Amazon 的 DynamoDB 等。与分布式数据库相比，分布式表格系统主要针对单张表格的操作，不支持一些特别复杂的操作，如多表关联、多表连接和嵌套子查询。而且在分布式表格系统中，同一个表格的多个数据行也不要求包含相同类型的列，适合半结构化数据。分布式表格系统是一种很好的权衡，这类系统可以做到超大规模，而且支持较多的功能，但实现往往比较复杂。

4.4.4 分布式数据库

分布式数据库一般是从单机关系数据库扩展而来，用于存储结构化数据。分布式数据库采用二维表格组织数据，提供结构代查询语言(SQL)关系查询语言，支持多表关联、嵌套子查询等复杂操作，并提供数据库事务及并发控制。

典型的系统包括 MySQL 的数据库分片(MySQL Sharding)技术，亚马逊的关系数据库服务(Amazon RDS)和 Microsoft 的 SQL Azure 等。分布式数据库支持的功能最为丰富，符合用户使用习惯，但可扩展性往往受到限制。当然，这一点并不是绝对的。Google Spanner 的扩展性就达到了全球级，它不仅支持丰富的关系数据库功能，还能扩展到多个数据中心的成千上万台机器。除此之外，阿里巴巴的 OceanBase 也是一个支持自动扩展的分布式关系数据库。

4.5 装备保障信息存储架构设计

在装备保障信息化的 IT 基础设施建设中，存储系统设计是最为复杂的工作之一，不仅涉及存储策略的制定和硬软件的选型，还需要应对信息安全的严峻挑战。在装备保障信息化中，对存储方案的设计需要更加注重实用性、注重投入产出比。本节通过分析装备保障信息化在存储方面需求的特点，介绍装备保障信息的存储解决方案。

4.5.1 装备保障信息存储概述

4.5.1.1 装备保障信息存储的特点

随着军队装备保障信息化建设和应用的发展，现有系统需要更多的存储设备或更大的容量来存储日益增加的数据，而更多新建设的系统也需要容量更大、性能更高的存储设备，众多的系统和数据也势必需要相应的备份和容灾设备。

装备保障信息化涉及的典型应用主要有流媒体、文件服务、Web 服务和电子邮件服务等，其数据存储类型主要有数据库存储、块存储、文件存储和对象存储等。较企业信息及基于互联网的其他信息的存储管理，部队装备保障信息的存储有如下特点。

1) 开放性和封闭性

要基于信息系统发挥信息优势，装备保障信息必须坚持开放性，实现装备保障信息的互联、互通和信息共享。然而由于军队管理的特点及装备信息的重要性，对装备保障信息的安全性提出了很高的要求，势必要求某些装备保障信息进行相对封闭管理。

2) 融合性和独立性

一方面，装备保障信息化建设是军队信息化建设中的重要一环，其建设必须融合到国家和军队信息化建设中；另一方面，装备保障信息的管理，无论是信息的采集、传输、处理和应用，都有其领域相关的特定技术、方法和机制，具有一定的独立性。

3) 大容量和不均衡性

武器装备本身是多系统组成的复杂大系统，对其科学运用和精确保障，都涉及海量信息的存储管理。同时，在军队的各层级各部队，针对平时和作战的不同阶段和不同任务，装备保障信息的管理具有很大的不均衡性。

4) 及时性和有效性

装备作战任务的遂行需要及时有效的信息保障，这对装备保障信息存储的及时、安全和有效性提出了很高的要求。

4.5.1.2 装备保障信息存储现状和需求分析

目前，部队一般拥有多台服务器，分别用于日常办公、业务管理及组织指挥等各种需要，其中大部分服务器的存储系统都是直连的模式，该模式的主要问题是信息难以共享、存储管理复杂性大、存储容量扩展性差。

部队在利用网络进行日常办公管理和运作时，将产生各种业务信息和各种类型的文档、音/视频、图片等，更重要的是，日常很多业务对于数据和文件的查阅、共享、协作和使用需求十分突出。然而，部队内部局域网内一般都没有文件服务器，上述数据一般都存放在个人的电脑和服务器上，这些个人电脑的安全级别很低，而官兵的安全意识又参差不齐，因此很多重要资料很容易被窃取、恶意破坏或者由于硬盘故障而丢失。

要使部队内部的数据得到统一管理和安全应用，就必须有一个安全的、性价比好的、应用方便的、管理简单的物理介质来存储和备份单位内部的数据资料。

和企业等单位一样，部队装备保障信息管理中，既有核心关键业务，也有非关键业务。前者需要高性能、高可靠性数据访问及未来扩展的灵活性，这是 SAN 所擅长的;后者大都是以文件形式访问数据的,而这正是 NAS 技术的特长。

若分别采用 NAS 和 SAN 技术解决上述问题,将导致用户有一个核心 SAN 网络存储平台及一个核心 NAS 网络存储平台,而客户在 NAS 存储和 SAN 存储之间无法实现存储资源的动态调配、信息有效共享,实际上造成两个明显的信息孤岛。因此,能否将 NAS 技术和 SAN 技术集成起来构建融合的存储网络,是满足当前和未来部队装备保障信息存储问题的关键。

4.5.1.3 信息存储架构的评价

针对装备保障信息化建设这种大型的、多应用类型的、结构复杂的应用系统来说,需要设计合理的信息存储架构。一般来说,信息存储架构的评价主要包括如下几个方面。

1) 建设成本

建设成本包括设计成本、资产采购成本、运维成本和第三方服务成本等,如何利用有限的成本建设出符合业务需求、适应访问规模的系统,是信息存储架构设计首先要面对的问题。

2) 扩展性

根据业务的发展,系统需要升级更新,如何尽量不影响原业务的工作,以最快的速度、最小的工作量来进行系统的横向、纵向扩展,也是信息存储架构必须解决的问题。

3) 抗攻击水平

对系统的攻击肯定是瞄准整个系统最薄弱的环节进行的,攻击可能来自外部(如 Dos/DDos 攻击),也可能来自内部(口令入侵)。好的架构设计要能很好地预防可能的攻击,并利用各种手段对整个系统的关键信息进行涉密管理,如 ROOT 权限、物理位置、防火墙参数和用户身份等。

4) 容灾恢复等级

好的信息存储架构应该考虑不同等级的容灾,主要包括集群容灾、分布式容灾和异地容灾等。集群容灾是指在集群中某一个服务节点崩溃的情况下,集群中另外一台主机能够接替马上接替它的工作,并且故障节点能够脱离;分布式容灾是指系统中发生单点故障/多点故障时,整个分布式系统还可以正常对外提供服务,并且分布式系统中的单点故障/多点故障区可以通过自动/人工的方式进行恢复;异地容灾是指在机房产生物理灾难的情况下(物理网络断裂、战争摧毁、地震等),在某个相隔较远的异地备份系统能够发现这样的灾难发生,并主动接过系统运行权。

5) 业务适应性

存储系统架构归根结底是为业务服务的,其架构设计选型一定是以服务当前的业务系统的运行为前提。

6）可维护性

根据存储系统建设规模和复杂度，其运维难度和成本也是不一样的。

4.5.2 华为 OceanStor V5 融合存储系统简介

华为 OceanStor V5 基于华为鲲鹏处理器，是面向企业级应用的中端智能混合闪存存储系统，能实现 SAN 和 NAS 的有机融合，广泛适用于政府、金融、运营商、制造、教育、医疗等行业，也适合部队装备保障信息存储系统的应用。

4.5.2.1 融合架构技术

OceanStor V5 提供一体化存储解决方案，主打融合特性，具备不同类型、不同档次、不同代次的闪存融合，可实现 SAN 与 NAS 融合、SSD 与 HDD 融合、异构存储资源池的融合，以及多数据中心的融合等。同时，具备领先的硬件架构和丰富的软件特性以满足业务弹性发展，简化业务部署，提升存储资源利用率，完全满足不同企业的多业务承载需求，实现在一套设备中运行业务核心数据库、电子邮件服务和文件共享等服务。

基于 OceanStor 的融合架构示意图如图 4-18 所示。

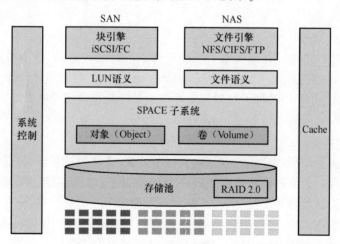

图 4-18　基于 OceanStor 的 SAN 与 NAS 并行架构示意图

华为 OceanStor V5 的文件引擎和块引擎平行于 OceanStor OS 的 SPACE 子系统之上，各自保持独立，互补影响，在一套软件体系下都是直接与 SPACE 子系统进行交互，这种简化的软件堆栈体系架构是 OceanStor V5 真正实现 SAN 与 NAS 融合的关键所在,也让存储架构和存储效率变得更加简单高效。

华为 OceanStor V5 的存储操作系统 OceanStor OS 包括存储系统端软件、维护终端软件和应用服务器端软件三部分,这些软件相互配合,从而智能、高效、经济地实现各种存储业务、备份业务和容灾业务,其软件架构示意图如图 4-19 所示。

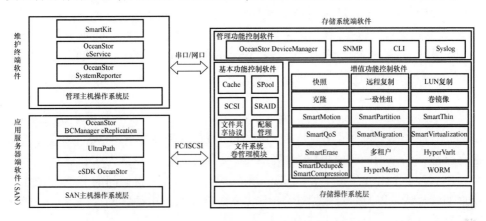

图 4-19　华为 OceanStor V5 软件架构示意图

4.5.2.2　RAID 2.0+技术

华为 RAID 2.0+技术采用底层硬盘管理和上层资源管理两层虚拟化管理模式,在系统内部,每个硬盘空间被划分成一个个小粒度的数据块,基于数据块来构建 RAID 组,使得数据均匀地分布到存储池的所有硬盘上。同时,以数据块为单元来进行资源管理,大大提高了资源管理的效率,其 RAID 2.0+块虚拟化技术结构图如图 4-20 所示。

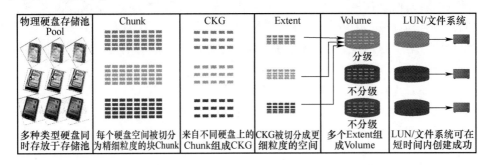

图 4-20　OceanSotr V5 的 RAID2.0+块虚拟化技术

OceanStor V5 通过 RAID 2.0+块虚拟化技术将存储系统中每一块硬盘都进行细颗粒度的数据块切分,然后通过细颗粒的数据块构建各种 RAID 组,这种分布

069

式、打散化的方式能够让数据均匀分布到存储池的所有硬盘上，大幅提升了存储资源的管理效率。

（1）OceanStor 存储系统支持不同类型（SSD、SAS、NL-SAS）的硬盘，这些硬盘组成一个个的硬盘存储池。在一个硬盘域中，同种类型的硬盘构成一个存储层，每个存储层内部再按一定的规则划分为磁盘组（Disk Group）。

（2）各存储层的硬盘被划分为固定大小的 Chunk（CK），OceanStor 存储系统通过随机算法，将每一个存储层的 Chunk（CK）按照"RAID 策略"来组成 Chunk Group（CKG），用户可以为存储池（Storage Pool）中的每一个存储层分别设置"RAID 策略"。

（3）OceanStor 存储系统会将 Chunk Group（CKG）切分为更小的 Extent。Extent 作为数据迁移的最小粒度和构成 Thick LUN（逻辑单元）的基本单位，在创建存储池（Storage Pool）时可以在"高级"选项中进行设置，默认为 4MB。

（4）若干 Extent 组成了卷（Volume），卷对外体现为主机访问的 LUN。在处理用户的读写请求以及进行数据迁移时，LUN 向存储系统申请空间、释放空间、迁移数据都是以 Extent 为单位进行的。

4.5.2.3 高密度多业务应用

目前，不同类型业务集中存储的需求越来越多，而不同类型的业务对存储的需求也不尽相同：数据库服务器主要存储结构化数据，对存储性能要求高，数据安全性和稳定性要求高；邮件服务器并发随机性高，对存储性能要求高，数据安全性和稳定性要求高；视频服务器存储容量需求大，数据访问连续性强，持续带宽要求高；备份服务器：对存储系统性能及带宽要求低。

虚拟机技术可以大幅度提升应用服务器的利用率，降低业务的部署和运营成本，因此在各种领域得到越来越广泛的应用。随着大量非核心应用系统以及虚拟桌面被部署到虚拟机中，虚拟机密度越来越高。高密度虚拟机所产生的业务数据较单台服务器会增加数倍或更多，消耗的数据带宽也会成倍增加，因此对存储系统的容量、性能和扩展性又提出了越来越高的要求。

OceanStor V5 系列存储系统支持 VMware、Hyper-V 和 Citrix Xen 等各类虚拟机应用，能够在性能和部署方面满足高密度虚拟机应用的需求，其高密度虚拟机应用场景示意图如图 4-21 所示。

4.5.3 基于 OceanStor V5 的装备保障信息存储系统设计

以某部队的装备保障信息为例，本节将给出其基于 OceanStor V5 的装备保障信息存储网络的设计方案。

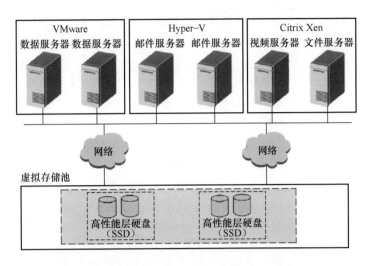

图 4-21 高密度虚拟机应用场景示意图

4.5.3.1 设计目标

部队装备保障信息存储系统的建设不应该追求一蹴而就,而是应该随着信息化应用的拓展和深入,分期分批逐步完成。当用户的信息系统应用规模和存储容量增长到一定程度,对数据存储的性能也要求更高,如何基于现有投资,满足未来发展,是部队装备保障信息存储系统架构设计需要考虑的问题。当前部队装备保障信息存储网络建设的主要目标如下。

(1) 需要使用网络存储,在数据中心放置一套阵列,将所有业务系统的数据集中存储在一套阵列上,实现多业务数据集中存储,提供高性能、以扩展、高可靠的集中存储平台,简化整体规划、管理和维护。

(2) 对关键业务系统的数据,采用可靠方式进行备份。

(3) 支持自动精简配置技术,可以实现各业务系统存储空间按需分配,避免初期规划不适应业务需求变化或者初期投入资金过多,并提高存储资源利用率。

(4) 存储容量可以按需扩容,并实现数据在硬盘的自动重新分布,平衡硬盘访问 I/O,提高系统性能。

(5) 支持自动分级存储,提供热点访问数据的高速响应,并可以自动平衡利用 SSD、SAS、NL-SAS 等硬盘的性能、容量与成本,以最小投入获得最大性能。

(6) 支持服务质量控制(QoS),避免多业务系统之间 I/O 的互相影响,保证核心业务系统的快速响应和服务质量。

(7) 支持缓存的分区,优先保障关键业务的性能,同时配合系统内主机并发最大化地利用,实现关键和非关键业务区分对待。

(8)存储系统可以方便实现数据的备份与容灾,进一步提高数据安全性。

4.5.3.2 产品选型

华为 OceanStor V5 系列有十多个产品面向不同应用,其中的 OceanStor 5110 V5、5210 V5、5310 V5、5510 V5、5610 V5、5810 V5 系列是基于华为自研多核处理器的中端智能混合闪存存储系统,其技术规格见表 4-3。

表 4-3 华为 OceanStor V5 中端系列产品技术规格

技术指标 \ 型号	5110 V5	5210 V5	5310 V5	5510 V5	5610 V5	5810 V5
最大系统缓存	256GB	512GB	2TB	4TB	8TB	12TB
支持的存储协议	FC、iSCSI、NFS、CIFS、HTTP、FTP					
前端通道端口类型	8/16/32Gb/s FC、1/10/25Gb/s Ethernet		8/16/32Gbps FC、1/10/25/40/100Gb/s Ethernet			
硬盘类型	SAS SSD、SAS、NL-SAS		NVMe SSD、SAS SSD、SAS、NL-SAS			
RAID 支持	0、1、5、6、10、50 等					
数据保护软件	快照(HyperSnap)、克隆(HyperClone)、复制(HyperCopy)、卷镜像(HyperMirror)、阵列双活(HyperMetro)、远程复制(HyperReplication)、WORM(HyperLock)、一体化备份(HyperVault)					
关键业务保障	智能服务质量控制(SmartQoS)、智能缓存分区(SmartPartition)、SSD 智能缓存(SmartCache)					
资源效率提升	智能 LUN 迁移(SmartMigration)、智能异构虚拟化(SmartVirtualization)、智能多租户(SmartMulti-tenant)、配额管理(SmartQuota)、智能重删(SmartDedupe)、智能压缩(SmartCompression)、智能精简配置(SmartThin)、智能数据分级(SmartTier)、智能数据迅移(SmartMotion)、智能数据销毁(SmartErase)					
远程维护管理软件(eService)	主机多路径(UltraPath)、容灾管理(BCManager)、单设备管理软件(DeviceManager)、集中运维管理软件(eSight)、远程维护管理软件(eService)					

鉴于装备保障信息存储系统的建设可逐步实施扩展,本方案产品选择 OceanStor 5210 V5,其基本配置如下。

(1)控制器:配置双控 Active-Active 架构,采用 SAN 统一集成的控制器架构,统一管理(具备 FC/IP SAN 融合组网能力);支持多控制横向扩展架构,最大可支持 8 个 SAN 控制器,配置 2U 25 控制器规格;采用内置 SSD 盘作为存储系统盘,非机械硬盘做 Raid 模式,不占用存储硬盘插槽。

(2)缓存:系统缓存 32GB。

(3)前端端口:支持 8/16Gb FC、1/10Gb iSCSI、10Gb 等多协议主机接口;8 个 1Gb iSCSI 主机接口、4 个 16Gb FC 主机接口。

（4）后端端口：提供 4 个 48Gb SAS 3.0 后端接口用于连接扩展柜；共提供 192Gb/s 磁盘通道带宽。

（5）硬盘：25 块 1.8TB 10K 2.5 英寸 SAS 硬盘，双控制器最大可扩展 577 块硬盘。

（6）RAID：选择推荐的 RAID6。

4.5.3.3 信息存储方案设计

基于 OceanStor V5 的部队装备保障信息存储网络基于部队现有的局域网络，其存储架构如图 4-22 所示。

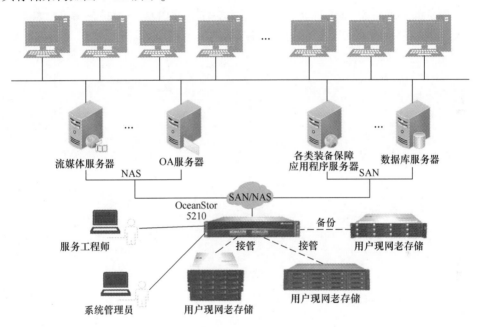

图 4-22 基于 OceanStor V5 的装备保障信息存储架构

该方案融合了部队装备保障中现有的主要信息技术应用，包括网络办公、视频监控（以文件存储为主，采用 NAS）和各类装备保障信息系统及其数据库管理（以块存储为主，采用 SAN），其中的 OceanStor 5210 V5 融合 SAN/NAS，无须额外网关。

解决了 SAN/NAS 的统一存储后，信息存储系统还必须解决两个问题：一是原有系统和数据的迁移问题；二是系统的扩展和备份问题。

业务迁移是实现资源优化必不可少的手段，用户可以将数据从低速存储介质向高速存储介质转移，以此提升此数据的快速读写能力，或者将不经常使用的数据放置到低速介质上进行备份，达到优化存储设备的服务能力。华为 LUN 迁移功能可以在不中断原有业务的情况下实现将源 LUN 上的业务完整地迁移到目标 LUN 上,使目标 LUN 可以完全替代源 LUN 来承载业务,实现了业务无感知的情况下完成业务迁移。

为进一步提高信息存储的安全性,并降低信息存储成本,可以充分运用部队现有网络中的存储设备作为信息存储的备份设备,后续随着信息系统的持续应用及信息存储容量的进一步扩充,可采取新增存储硬盘的方式,最大可扩展至 577 块硬盘。

此外,该方案中,服务工程师和系统管理员可基于以太网和网络终端软件,对存储网络进行运维。

随着部队装备保障信息化的发展,该方案还可以进一步扩展建设,如实现 SAN 与 NAS 一体化的双活,与其他装备保障网络的融合等。

第5章
装备保障信息系统开发技术

信息系统是指由计算机硬件、网络和通信设备、计算机软件、信息资源、信息用户和规章制度组成的以处理信息流为目的的人机一体化系统。信息系统开发是指根据企业和部门管理的战略目标、内容、规模、性质等具体情况,建立起一套以计算机为基础的软硬件结合的管理信息系统,其核心是软件的开发,还有相关的基础性建设。

系统开发一般要经历系统规划、系统分析、系统设计、系统实施,以及系统运行与维护五个阶段,并涉及系统开发模型、系统架构、系统软件开发技术等多个方面。本章首先介绍常用的系统开发模型;然后介绍信息系统架构的演变;最后介绍信息系统开发的常用技术,最后提出装备保障信息系统的架构设计方案。

5.1 信息系统的开发模型

软件开发模型是指软件开发全部过程、活动和任务的结构框架。软件开发包括需求、设计、编码和测试等阶段,有时也包括维护阶段。软件开发模型能清晰、直观地表达软件开发全过程,明确规定了要完成的主要活动和任务,用来作为软件项目工作的基础。

常见的信息系统开发模型有瀑布模型、迭代式开发、快速原型模型、螺旋开发、敏捷开发等。

5.1.1 瀑布模型

瀑布模型是最典型的预见性的方法,严格遵循预先计划将软件生命周期的各项活动分为计划、需求分析、设计、程序编码、软件测试和运行维护等多个阶段,自上而下如瀑布流水依次连接,上一阶段的输出作为下一阶段的输入。在每一个阶段如果发现问题,都可以逆流而上,向上一阶段进行反馈,然后做适当的修改,但是只能逐层反馈,不能跨级反馈。瀑布模型各阶段会依次输出软件需求规约、设计文档、实际代码、测试用例、最终产品等产品。瀑布模型如图5-1所示。

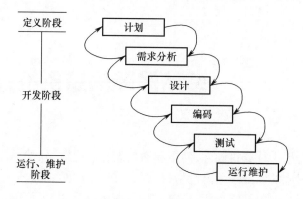

图 5-1　瀑布模型

瀑布模型的主要问题是其严格分级导致的自由度降低,难以应对项目的后期需求变化。瀑布模型适用于如下情况。

(1) 用户的需求非常清楚全面,使用环境非常稳定,且在开发过程中没有或很少变化。

(2) 开发人员对软件的应用领域很熟悉,开发工作对用户参与的要求较低。

5.1.2　迭代式开发

迭代式开发又被称作迭代增量式/进化式开发,是一种与传统的瀑布式开发相反的软件开发过程,它弥补了传统开发方式中的一些弱点,具有更高的成功率和生产率。

在迭代式开发方法中,整个开发工作被组织为一系列短小的、固定长度(如3周)的小项目,称为一系列的迭代。每一次迭代都包括了定义、需求分析、设计、实现与测试。采用这种方法,开发工作可以在需求被完整地确定之前启动,并在一次迭代中完成系统的一部分功能或业务逻辑的开发工作,再通过客户的反馈来细化需求,并开始新一轮的迭代,如此重复迭代直到实现最终完善的产品。迭代模型如图5-2所示。

迭代模型能很好地适应客户需求变更,它逐个组件地交付产品,若某个组件没有满足客户需求,则只需要更改这一个组件,降低了软件开发的成本与风险。但是迭代模型需要将开发完成的组件集成到软件体系结构中,这样会有集成的困难和失败的风险,因此要求软件必须采用开放式的体系结构。此外,迭代模型逐个组件地开发修改,很容易退化为"边做边改"的开发形式,从而失去对软件开发过程的

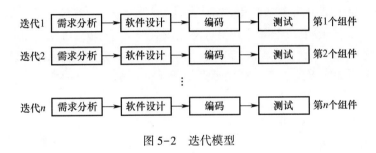

图 5-2 迭代模型

整体控制。

5.1.3 快速原型模型

快速原型是利用原型辅助软件开发的一种新思想。经过简单快速分析,快速实现一个原型,用户与开发者在试用原型过程中加强通信与反馈,通过反复评价和改进原型,了解需求,适应变化,最终提高软件质量。快速原型模型如图5-3所示。

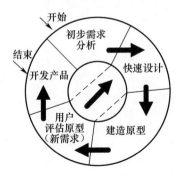

图 5-3 快速原型模型

快速原型模型的优点是可以得到比较良好的需求定义,容易适应需求的变化,有利于开发与培训的同步,并且开发费用低,开发周期短,对用户更友好。其主要缺点是客户与开发者对原型的理解不同,而且准确的原型设计也比较困难。

5.1.4 螺旋开发

1988年,Barry Boehm 正式发表了软件系统开发的"螺旋模型",它将瀑布模型和快速原型模型结合起来,强调了其他模型所忽视的风险分析,特别适合于大型复杂的系统。

通常螺旋模型由四个阶段组成：制定计划、风险分析、实施工程和客户评估。螺旋模型中，发布的第一个模型甚至可能是没有任何产出的，可能仅仅是纸上谈兵的一个目标。但是，随着一次次的交付，每一个版本都会朝着设定的目标迈进，最终得到一个更加完善的版本。螺旋模型如图5-4所示。

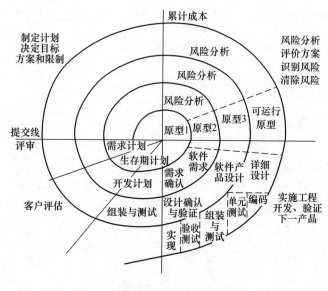

图 5-4　螺旋模型

螺旋模型强调了风险分析，这意味着对可选方案和限制条件都进行了评估，更有助于将软件质量作为特殊目标融入产品开发之中。它以小分段构建大型软件，使成本计算变得简单容易，而且客户始终参与每个阶段的开发，保证了项目不偏离正确方向，也保证了项目的可控制性。

但是，螺旋模型也有如下限制条件。

（1）软件开发人员应该擅长风险分析，否则将会带来更大的风险。

（2）螺旋模型强调风险分析，但要求许多客户接受和相信这种分析，并做出相关反应是不容易的。同时，若执行风险分析将大大影响项目的利润，那么进行风险分析毫无意义，因此这种模型往往适应于内部的大规模软件开发。

（3）螺旋模型周期相对较长。

5.1.5　敏捷开发

敏捷开发又称敏捷软件开发，是一种从20世纪90年代开始逐渐引起广泛关注的一些新型软件开发方法。敏捷开发以用户的需求进化为核心，采用迭代、循序渐进的方法进行软件开发。在敏捷开发中,软件项目在构建初期被切分成多个子项目,各个子项目的成果都经过测试,具备可视、可集成和可运行使用的特征。换言之,就是把一个大项目分为多个相互联系,但也可独立运行的小项目,并分别完成,在此过程中软件一直处于可使用状态。

敏捷开发的最流行的实现方式是 Scrum 和 XP,其中 Scrum 是从管理上、流程上设计一些方法来定义敏捷,而 XP 是从具体的细节和某一工作的实现方法上深度挖掘了敏捷思想。相对于"非敏捷",敏捷开发更强调程序员团队与业务专家之间的紧密协作、面对面的沟通、频繁交付新的软件版本、紧凑而自我组织型的团队、能够很好地适应需求变化的代码编写和团队组织方法,也更注重软件开发中人的作用。

除了上述常见的软件系统开发模型外,还有演化模型、喷泉模型、快速应用开发模型等。对于不同的软件系统,可以采用不同的开发模型和开发方法、使用不同的程序设计语言以及各种不同技能的人员参与工作、运用不同的管理方法和手段等,以及允许采用不同的软件工具和不同的软件工程环境。

5.2 信息系统架构的演变

从广义来说,信息系统架构是一个体系结构,它反映一个政府、企事业单位信息系统的各个组成部分之间的关系,以及信息系统与相关业务,信息系统与相关技术之间的关系。狭义来说,信息系统架构是指应用程序、技术和数据的相应选择和投资组合的定义,硬件、软件和通信的配置等。

随着信息技术尤其是互联网技术和应用的发展,信息系统的架构也不断地演进、升级、迭代,主要可以分为单体应用架构、垂直应用架构、分布式架构、面向服务的架构等,从耦合到微服务,更便于管理和服务的治理。信息系统架构的演变如图 5-5 所示。

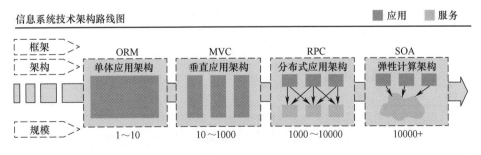

图 5-5 信息系统架构的演变

5.2.1 单体应用架构

传统的项目架构大多是单体架构,即所有的业务功能都在一个项目中,也就是只有一台 Web 服务器,虽然在 Web 应用中也进行的分层设计,但其实本质是在代码逻辑级别,本身还是一个应用而已(或者说就是一个 war/jar 包)。

典型的单体应用架构如图 5-6 所示。

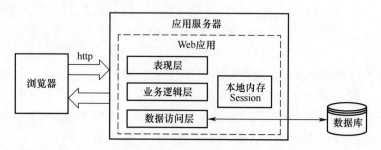

图 5-6 单体应用架构示意图

单体应用架构的优点如下:
(1)部署简单,由于是完整的结构体,可以直接部署在一个服务器上;
(2)技术单一,不需要复杂的技术栈。
单体架构的缺点如下:
(1)系统启动慢,一个进程包含了所有的业务逻辑,涉及的启动模块过多,导致系统的启动、重启等时间周期过长。
(2)系统错误隔离性差、可用性差,任何一个模块的错误均可能造成整个系统的宕机。
(3)可伸缩性差,系统的扩容只能针对应用进行扩容,不能对某个功能点进行扩容。
(4)线上问题修复周期长,修复任何一个线上问题需要对整个应用系统全面升级。

5.2.2 垂直应用架构

随着网络技术的发展,当访问量逐渐增大,单一应用无法满足需求,不能很好地加快访问速度。此时,为了应对更高的并发和业务需求,需要把原来比较大的单体项目拆分成多个小的单体项目,拆分过程是根据业务逻辑进行拆分的,如把物流系统、CRM 系统从原来的电子商城系统中抽离出来,构建成两个小的项目,如

图 5-7 所示。

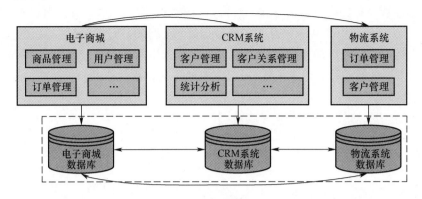

图 5-7 垂直应用架构示例

垂直应用架构中,用于分离前后台逻辑的模型-视图-控制器(Model View Controller,MVC)架构是关键。MVC 是一种软件架构的思想,将一个软件按照模型、视图、控制器进行划分。典型的 MVC 的三层结构是:最前端的是视图层(View)主要是用于前端页面展示;调度控制层(Control)用于前端 Web 请求的分发,然后调度后台的逻辑执行;应用模型层(Model)代表了业务逻辑和业务数据。

垂直应用框架的优点如下:
(1) 系统拆分实现了流量分担,解决了并发问题。
(2) 系统性能可以扩展,提升负载能力。
(3) 可以针对不同模块进行优化。
(4) 方便水平扩展,负载均衡,容错率提高,系统间相互独立。

垂直应用框架的缺点如下:
(1) 复杂应用开发的维护成本很高,部署效率低。
(2) 同一个项目或多个项目的公共模块的重复开发,增加了冗余代码。
(3) 随业务的不断增加,访问量增大,网络流量增大,数据库连接增多,系统可靠性降低。
(4) 系统维护困难,当业务功能不断增多,代码量大时,在垂直架构中无法对已有的服务拆分,一处修改会影响多处。

5.2.3 分布式服务架构

当垂直应用越来越多,应用之间交互不可避免,将核心业务抽取出来,作为独立的服务,逐渐形成稳定的服务中心,使前端应用能更快速地响应多变的市场需求。此时,用于提高业务复用及整合的分布式调用(Remote Promote Call,RPC)是关键。

RPC 是一种进程间通信方式,允许像调用本地服务一样调用远程服务。通过 RPC,可以充分利用非共享内存的多处理器环境(例如,通过局域网连接的多台应用服务器),这样可以简便地将应用分布在多台应用服务器上,应用程序就像运行在一个多处理器的计算机上一样,可以方便地实现过程代码共享,提高系统资源的利用率。

基于 RPC 的分布式服务架构如图 5-8 所示。

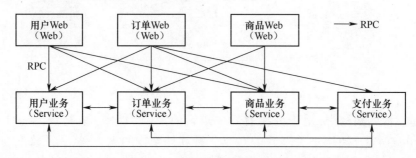

图 5-8　分布式服务架构示意图

随着服务越来越多的时候,服务间依赖关系变得错综复杂,服务的调用量越来越大,随之而来的就是服务治理的问题,目前业界开源的 RPC 框架的服务治理能力都不是很健全,当应用大规模服务化后会面临许多服务治理方面的挑战,需要解决这些问题,必须通过服务框架+服务治理来完成。

5.2.4　面向服务的架构

当服务越来越多,容量的评估,小服务资源的浪费等问题逐渐显现,此时需增加一个调度中心基于访问压力实时管理集群容量,提高集群利用率。

面向服务的架构(Service Oriented Architecture,SOA)是一种粗粒度、开放式、松耦合的服务结构,要求软件产品在开发过程中,按照相关的标准或协议,进行分层开发。通过这种分层设计或架构体系可以使软件产品变得更加弹性和灵活,且尽可能与第三方软件产品互补兼容,以快速扩展,满足或响应市场或客户需求的多样化和多变性。SOA 典型架构如图 5-9 所示。

SOA 的基本元素是服务(Service),SOA 指定一组实体(服务提供者、服务消费者、服务注册表、服务条款、服务代理和服务契约),这些实体详细说明了如何提供和消费服务。遵循 SOA 观点的系统必须要有服务,这些服务是可互操作的、独立的、模块化的、位置明确的、松耦合的,并且可以通过网络查找其地址。SOA 就是在分布式的环境中,将各种功能都以服务的形式提供给最终用户或者其他服务。

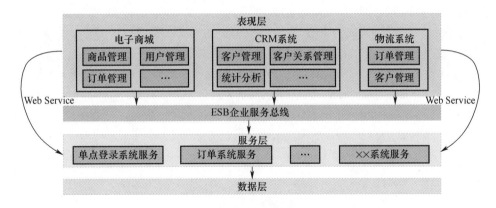

图 5-9　SOA 典型架构

如今,企业级应用的开发都采用面向服务的体系架构来满足灵活多变,可重用性高的需求。

SOA 以服务为中心来管理项目,其优点如下:

(1) 重复代码进行了抽取,提高了开发效率,提高了系统的可维护性。

(2) 可以针对某个系统进行扩展,做集群更容易。

(3) 采用企业服务总线(Enterprise Service Bus,ESB)来管理服务组件,有利于降低企业开发项目难度。

SOA 的主要缺点如下:

(1) 系统与服务的界限模糊,不利于设计。

(2) ESB 是作为系统与系统之间桥梁,没有统一标准,种类很多,不利于维护。

5.2.5　微服务架构

微服务架构是一种轻量级的服务治理方案,是 SOA 样式的一种变体,通过将功能分散到各个离散的服务中以实现对解决方案的解耦。微服务的核心要素在于服务的发现、注册、路由、熔断、降级和分布式配置。SpringCloud 是一个解决微服务架构实施的综合性解决框架,它为微服务架构中涉及的服务治理、断路器、负载均衡、配置管理、控制总线和集群状态管理等操作提供了一种简单的开发方式。Dubbo 是阿里巴巴集团网络公司开源的一个高性能、轻量级的开源 Java RPC 框架,提供了服务远程通信、服务发现、负载均衡、流量管理、动态配置等核心能力,文档丰富,在国内的使用度非常高。

Dubbo 组体架构如图 5-10 所示。

(1) Registry:服务注册与发现中心,作为服务提供者和消费者注册与发现的

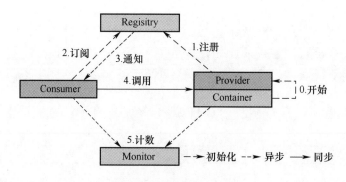

图 5-10 Dubbo 组件架构

中心。

（2）Provider：服务提供者，在注册中心注册作为服务提供的一方，发布服务到服务注册中心。

（3）Consumer：服务消费者，通过注册中心协调，订阅可用的已注册的服务。

（4）Container：服务运行容器，独立的容器类似于 tomcat/jboss 的作用，作为服务运行的容器。

（5）Monitor：Dubbo 的监控中心，用来显示接口暴露、注册情况，也可以看接口的调用明细、调用时间等。

微服务架构的主要优势如下：

（1）得益于单一职责和独立部署，可快速响应变更。

（2）独立拓展，边界清晰，不过度受制于技术栈。

（3）精粒度业务控制，降级熔断，局部限流。

（4）易于规模化开发，多个开发团队可以并行开发，每个团队负责一项服务。

（5）改善故障隔离。一个服务宕机不会影响其他的服务。

微服务架构的主要缺点如下：

（1）部署结构复杂，模块众多，需要一大堆额外组件。

（2）依赖平台支撑，依赖微服务组件，研发成本较高。

（3）开发者需要应对创建分布式系统所产生的额外的复杂因素。

5.3 信息系统开发技术

信息系统的开发，从需求获取、分析建模到编程实现全过程，基于不同的开发模型和不同的信息系统架构，涉及不同软件开发技术。本节主要介绍基于 Java 的 Web 应用和移动平台开发技术。

5.3.1 Java Web 应用开发技术

应用程序主要分为桌面应用程序(Desktop Application)和 Web 应用程序(Web Application)两种类型。桌面应用程序一般是指采用客户机/服务器结构(Client/Server,C/S)的应用程序,Web 应用程序一般采用浏览器/服务器结构(Browser/Server)。Web 应用的最大好处是用户只需要有浏览器即可访问应用程序,不需要再安装其他软件。

5.3.1.1 JavaWeb 应用开发技术体系

JavaWeb 应用即基于 Java 的 Web 应用程序。SUN 的 Servlet 规范将 Java Web 定义为:"Java Web 应用由一组 Servlet/JSP、HTML 文件和相关的 Java 类,以及其他可以被绑定的资源构成,它可以在各种供应商提供的符合 Servlet 规范的 Servlet 容器中运行。"

JavaWeb 应用开发是基于 JavaEE 框架的,需要在该框架的容器和组件支持下完成。容器主要是 Servlet 容器,最常见的是开源的 Tomcat 服务器。组件是组装到 JavaEE 平台中独立的软件功能单元,每个 JavaEE 组件在容器中执行,常见的组件如下:

(1) 客户端组件:客户端的 Applet 和客户端应用程序。
(2) Web 组件:Web 容器内的 JSP、Servlet、Web 过滤器、Web 事件监听器等。
(3) EJB 组件:EJB 容器内的 EJB 组件。

开发客户端和服务器端的程序,其开发技术和方法是不同的。Java Web 应用的开发一般也可以分为前端和后端两部分,前端的作用是展示数据,其主要技术包括 HTML、CSS、JavaScript、jQuery、bootstrap、JSP 等,后端的作用是处理数据,其主要技术包括接入层(Servlet、Springmvc、Struts2)、业务层(JavaBean 或 EJB)、服务层(Spring)、持久层(jdbc、mybatis、Hibernate)等。Java Web 的技术体系如图 5-11 所示。

5.3.1.2 Java Web 系统前端开发技术

前端开发是创建 Web 页面或 App 等前端界面呈现给用户的过程,通过 HTML、CSS、JavaScript 以及衍生出来的各种技术、框架和解决方案,来实现网络产品的用户界面交互。早期网站主要内容都是静态,以图片和文字为主,用户使用网站的行为也以浏览为主。随着互联网技术的发展和 HTML5、CSS3 等的应用,现代网页更加美观,交互体验效果更好,功能更加强大。

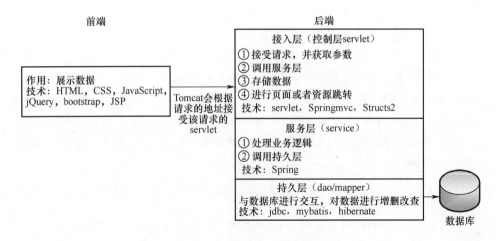

图 5-11　Java Web 的技术体系

根据 W3C 标准,一个网页主要由:结构、表现和行为三部分组成,如图 5-12 所示。其中 HTML 用于描述页面的结构,CSS 用于控制页面中元素的样式,JavaScript 用于响应用户操作。

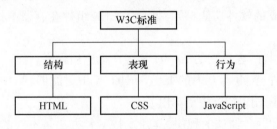

图 5-12　网页基本结构

Web 前端开发的技术主要有 HTML5、CSS、JavaScript、jQuery 和 Ajax 等。

1) HTML5 技术

HTML5 即万维网的核心语言、标准通用标记语言下的一个应用超文本标记语言(HTML)的第五次重大修改。HTML5 将 Web 带入一个成熟的应用平台,在这个平台上,视频、音频、图像、动画以及与设备的交互都进行了规范。

HTML5 的主要特性如下。

(1) 语义特性:HTML5 赋予网页更好的意义和结构,更加丰富的标签将随着对资源描述框架(Resouce Description Framework,RDF)、微数据与微格式等方面的支持,构建对程序、对用户都更有价值的数据驱动的 Web。

(2) 本地存储特性:主要包括 HTML5 APP Cache、本地存储功能、Indexed DB、File API 等。

（3）设备访问特性：为移动开发而生，包括重力感应、全球地理定位、麦克风、摄像头等。

（4）连接特性：WebSocket、Server-Sent Events 实现双向连接，消息推送。

（5）网页多媒体特性：支持网页端的 Audio、Video 等多媒体功能。

（6）三维、图形及特效特性：主要包括图形增强、SVG、Canvas、WebGL、2D/3D 游戏和页面视觉特效。

（7）性能与集成特性：HTML5 通过 XMLHttpRequest2 等技术，解决以前的跨域等问题，使 Web 应用和网站在多样化的环境中更快速地工作。

（8）CSS3 特性：在不牺牲性能和语义结构的前提下，CSS3 中提供了更多的风格和更强的效果。

HTML5 的主要优点如下。

（1）HTML5 具有及时更新的特性，可以随时更新、随时上线，节省大量的时间。

（2）HTML5 具有很好的跨平台性，使用 HTML5 开发程序，可以很好地做到 PC 端与移动端的同步上线，支持多种平台。

（3）在不牺牲性能和语义结构的前提下，CSS3 中提供了更多的风格和更强的效果。

（4）得益于 HTML5 的本地储存特性，使用 HTML5 开发的程序具有更短的启动时间，更快的加载速度。

（5）更简洁的代码，符合语义学的代码使得样式和内容可以分开，使代码更加直观、优雅。

2）CSS 技术

CSS 是能够真正做到网页表现与内容分离的一种样式设计语言，不属于编程语言。CSS 主要是对 HTML 标记的内容进行更加丰富的装饰，并实现网页表现样式与网页结构的分离，可以使用 CSS 控制 HTM 页面中的文本内容、图片外形和版面布局等外观的显示样式，从而降低耦合度，开发效率更高。

（1）丰富的样式定义。CSS 提供了丰富的文档样式外观，以及设置文本和背景属性的能力；允许为任何元素创建边框、元素边框与其他元素间的距离，以及元素边框与元素内容间的距离；允许随意改变文本的大小写方式、修饰方式，以及其他页面效果。

（2）易于使用和修改。CSS 可以将样式定义在 HTML 元素的 style 属性中，也可以将其定义在 HTML 文档的 header 部分，也可以将样式声明在一个专门的 CSS 文件中，以供 HTML 页面引用。总之，CSS 样式表可以将所有的样式声明统一存放，进行统一管理。

（3）多页面应用。CSS 样式表可以单独存放在一个 CSS 文件中，这样就可以在多个页面中使用同一个 CSS 样式表。CSS 样式表理论上不属于任何页面文件,在任何页面文件中都可以将其引用,这样就可以实现多个页面风格的统一。

(4) 层叠。层叠是一种机制,用于解决 CSS 声明冲突,CSS 的层叠特性可以表述为:行内样式>ID 样式>类别样式>标记样式。

3) JavaScript 技术

JavaScript 是世界上最流行的编程语言,该语言是一种轻量级的解释型语言,它包含类似 Java 的语法(数据类型、数组、条件分支、循环和对象等),可用于 HTML 和 Web,更可广泛用于服务器、PC、笔记本电脑、平板电脑和智能手机等设备。JavaScript 是可插入 HTML 页面的编程代码,插入 HTML 页面后,可由所有的浏览器执行。JavaScript 被数百万计的网页用来改进设计、验证表单、检测浏览器、创建 Cookies,以及更多的应用,成为互联网上最流行的脚本语言。

JavaScript 的技术组成如图 5-13 所示。

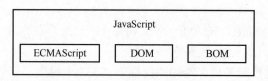

图 5-13 JavaScript 的技术组成

ECMAScript 是 JavaScript 的技术核心,描述了该语言的语法和基本对象。ECMAScript 与浏览器无关,每个浏览器都有他自己的 ECMAScript 接口的实现,然后这个实现被文档对象模型(Document Object Model,DOM)和浏览器对象模型(Browser Object Model,BOM)扩展。

DOM 描述了处理网页内容的方法和接口,是 HTML 和 XML 的应用程序接口(API)。DOM 将把整个页面规划成由节点层级构成的文档,HTML 或 XML 页面的每个部分都是一个节点的衍生物。通过 HTML DOM,可访问 JavaScript HTML 文档的所有元素。当网页被加载时,浏览器会创建页面的 DOM。

BOM 描述了与浏览器进行交互的方法和接口,主要处理浏览器窗口和框架,包括:弹出新的浏览器窗口;移动、关闭浏览器窗口;调整窗口大小;提供 Web 浏览器详细信息的定位对象;提供用户屏幕分辨率详细信息的屏幕对象;对 Cookie 的支持等。

JavaScript 脚本语言的特点如下。

(1) JavaScript 是一种解释型的脚本语言。

(2) JavaScript 是一种基于对象的脚本语言,它不仅可以创建对象,也能使用现有的对象。

(3) JavaScript 语言中采用的是弱类型的变量类型,对使用的数据类型未做出严格的要求,是基于 Java 基本语句和控制的脚本语言,其设计简单紧凑。

(4) JavaScript 是一种采用事件驱动的脚本语言,它不需要经过 Web 服务器就可以对用户的输入做出响应。

(5) JavaScript 脚本语言不依赖于操作系统,具有跨平台性,仅需要浏览器的支持。

4) jQuery

jQuery 是一个兼容多浏览器的 JavaScript 库,主要用于简化核心 DOM 的操作。

jQuery 的主要优点有:

(1) 轻量级。核心文件才几万比特,不会影响页面加载速度。

(2) 跨浏览器兼容,基本兼容了现在主流的浏览器。

(3) 链式编程、隐式迭代。

(4) 对事件、样式、动画的支持,大大简化了 DOM 操作。

(5) 支持插件扩展开发,有着丰富的第三方的插件,如树形菜单、日期控件、轮播图等。

(6) 免费、开源。

5) Ajax 技术

Ajax(Asynchronous Java Script and XML),即异步的 JavaScript 和 XML(可扩展标记语言),是一种用于创建快速动态网页的技术。Ajax 通过在后台与服务器进行少量数据交换,使网页实现异步更新。这意味着可以在不重载整个页面的情况下,对网页的某些部分进行更新。

要完整实现一个 Ajax 异步调用和局部刷新,通常需要以下几个步骤:①创建异步调用对象 XMLHttpRequest;②创建一个新的 HTTP 请求,并指定该 HTTP 请求的方法、URL 及验证信息;③设置响应 HTTP 请求状态变化的函数;④发送 HTTP 请求;⑤获取异步调用返回的数据;⑥使用 JavaScript 和 DOM 实现局部刷新。

Ajax 的主要优点如下:

(1) 页面无须刷新,可以提高用户的体验。

(2) 使用异步的方式与服务器通信,不会中断页面操作。

(3) 将一些后端的工作移到前端,减少服务器的带宽与负担。

其主要缺点如下:

(1) Ajax 使浏览器失去了 Back 和历史功能,是对浏览器机制的破坏。在动态更新页面的情况下,用户无法回退到前一个页面的状态。

(2) Ajax 技术给用户带来很好的用户体验的同时也对 IT 企业带来了新的安全威胁,Ajax 技术就如同对企业数据建立了一个直接通道,这使得开发者在不经意间会暴露比以前更多的数据和服务器逻辑。

(3) 对搜索引擎的支持较弱。

5.3.1.3 JavaWeb 系统后端开发技术

Java Web 系统后端开发技术主要有 Servlet、JSP、MVC 框架、SSH 框架、数据交换格式和数据缓存技术等。

1. Servlet 技术

Servlet 是一种独立于平台和协议的服务器端的 Java 技术,可以用来生成动态的 Web 页面。Servlet 不能独立运行,必须被部署到 Servlet 容器中,由容器来实例化和调用 Servlet 的方法,Servlet 容器在 Servlet 的生命周期内包容和管理 Servlet。

Servlet 容器是 Web 服务器的一部分,用于在发送的请求和响应之上提供网络服务,解码基于 MIME 的请求,格式化基于 MIME 的响应。

Servlet 技术的实现过程为:客户端发送请求至服务器;服务器将请求发送至 Servlet;Servlet 生成响应内容并将其传给服务器,响应内容动态生成,通常取决于客户端的请求;服务器将响应返回给客户端。

Servlet 技术的主要特点如下。

(1) 高效:在服务器上仅有一个 Java 虚拟机在运行,它的优势在于当多个来自客户端的请求进行访问时,Servlet 为每个请求分配一个线程而不是进程。

(2) 方便:Servlet 提供了大量的实用工具例程,如处理很难完成的 HTML 表单数据,读取和设置 HTTP 头,处理 Cookie 和跟踪会话等。

(3) 跨平台:Servlet 是用 Java 类编写的,可以在不同的操作系统平台和应用服务器平台下运行。

(4) 功能强大:Servlet 能够直接和 Web 服务器交互,还能够在各个程序之间共享数据,使得数据库连接池之类的功能很容易实现。

(5) 灵活性和可扩展性:采用 Servlet 开发的 Web 应用程序,由于 Java 类的继承性,构造函数等特点,使得其应用灵活,可随意扩展。

(6) 共享数据:Servlet 之间通过共享数据可以很容易地实现数据库连接池。它能方便地实现管理用户请求,简化 Session 和获取前一页面信息的操作。

(7) 安全:Java 定义有完整的安全机制,包括 SSL/CA 认证、安全政策等规范。

2. JSP 技术

JSP(Java Server Pages)是建立在 Servlet 规范之上的动态网页开发技术,其实质是一个简化的 Servlet。它允许使用特定的标签在 HTML 网页中插入 Java 代码,实现动态页面处理,所以 JSP 就是 HTML 与 Java 代码的复合体。JSP 技术使用 Java 编程语言编写类 XML 的 tags 和 scriptlets,来封装产生动态网页的处理逻辑。网页还能通过 tags 和 scriptlets 访问存在于服务端的资源的应用逻辑。

JSP 将网页逻辑与网页设计和显示分离,支持可重用的基于组件的设计,使基于 Web 的应用程序的开发变得迅速和容易。JSP 技术具有以下特征。

（1）预编译：指在用户第一次通过浏览器访问 JSP 页面时，服务器将对 JSP 页面代码进行编译，并且仅指向一次编译。编译好的代码将被保存，在用户下一次访问时会直接执行编译好的代码。这样不仅节约了服务器的 CPU 资源，还大幅度提升了客户端的访问速度。

（2）业务代码相分离：在使用 JSP 技术开发 Web 应用时，可以将界面的开发和应用程序的开发分离。

（3）组件重用：JSP 可以使用 JavaBean 编写业务组件，也就是使用一个 JavaBean 类封装业务处理代码或者将其作为一个数据存储模型，在 JSP 页面甚至整个项目中，都可以重复使用这个 JavaBean，同时，JavaBean 也可以应用带其他 Java 应用程序中。

（4）跨平台：由于 JSP 是基于 Java 语言的，它可以使用 Java API，所有它也是跨平台的，可以应用与不同的系统，如 Windows 和 Linux。

JSP 技术的主要优点如下。

（1）一次编写，到处运行。由于 JSP/Servlet 都是基于 Java 的，所以它们也有 Java 语言的最大优点——平台无关性，同时，JSP/Servlet 的效率及安全性也是相当惊人的。

（2）系统的多平台支持。基本上可以在所有平台上的任意环境中开发，在任意环境中进行系统部署，在任意环境中扩展。

（3）强大的可伸缩性。从只有一个小的 Jar 文件就可以运行 Servlet/JSP，到由多台服务器进行集群和负载均衡，到多台 Application 进行事务处理，消息处理，一台服务器到无数台服务器，Java 显示了巨大的生命力。

（4）多样化和功能强大的开发工具支持。Java 已经有了许多非常优秀的开发工具，而且其中许多可以免费得到，且可以顺利地运行于多种平台之下。

JSP 技术的主要缺点如下。

（1）为了跨平台的功能和极度的伸缩能力，所以极大地增加了产品的复杂性。

（2）Java 的运行速度是用 class 常驻内存来完成的，所以它在一些情况下所使用的内存比起用户数量来说确实是"最低性能价格比"了。另外，它还需要硬盘空间来储存一系列的 .Java 文件和 .class 文件，以及对应的版本文件。

（3）在调试 JSP 代码时，如果程序出错，JSP 服务器会返回出错信息，并在浏览器中显示。这时，由于 JSP 是先被转换成 Servlet 后再运行的。所以，浏览器中所显示的代码出错的行数并不是 JSP 源代码的行数，而是指转换后的 Servlet 程序代码的行数。这给调试代码带来一定困难。所以，在排除错误时，可以采取分段排除的方法（在可能出错的代码前后输出一些字符串，用字符串是否被输出来确定代码段从哪里开始出错），逐步缩小出错代码段的范围，最终确定错误代码的位置。

3. MVC 框架

MVC 模式同时提供了对 HTML、CSS 和 JavaScript 的完全控制；Model 负责业务逻辑和数据处理；View 负责数据的展示和用户的交互；Controller 负责视图和模型之间的交互，把用户的请求分发到相应的模型，并且把模型的改变及时地反映到视图上。

MVC 的优点如下。

（1）耦合性低。视图层和业务逻辑层分离，这样可以单独修改页面样式和 Java 逻辑代码，而不需要考虑会对其他部分代码造成影响。

（2）重用性高。当业务逻辑和视图分离后，不同的 JSP 页面可以重用相同的业务逻辑代码，如智能手机订购页面和计算机订购页面，虽然页面内容不同，但是订购的业务逻辑相同。相同的 JSP 页面也可以使用不同的业务逻辑，如订购的流程修改了，但是页面样式没有修改，则只需要修改后面的业务逻辑，而不需要修改页面。

（3）部署快，生命周期成本低。MVC 使开发和维护用户接口的技术含量降低。使用 MVC 模式使开发时间得到相当大的缩减，它使程序员（Java 开发人员）集中精力于业务逻辑，界面程序员（HTML 和 JSP 开发人员）集中精力于表现形式上。

（4）可维护性高。分离视图层和业务逻辑层也使得 WEB 应用更易于维护和修改。

MVC 的缺点如下：

（1）结构比较复杂，不适合中小型的应用程序；

（2）每个层互相调用，关系复杂，给调试带来困难；

（3）效率低。

4. SSH 框架

SSH 是 Struts+Spring+Hibernate 的一个集成框架，集成 SSH 框架的系统从职责上分为四层：表示层、业务逻辑层、数据持久层和域模块层，以帮助开发人员在短期内搭建结构清晰、可复用性好、维护方便的 Web 应用程序（图 5-14）。其中，使用 Struts 作为系统的整体基础架构，负责 MVC 的分离，在 Struts 框架的模型部分，控制业务跳转，利用 Hibernate 框架对持久层提供支持，Spring 做管理，管理 Struts 和 Hibernate。

采用 SSH 框架技术开发的系统具备很强的可拓展性和可移植性。同时，采用开源的 SSH 框架能够大大简化系统开发的复杂度，缩短系统开发时间。

1）Struts

Struts 基于 MVC 框架，通过采用 Java Servlet/JSP 技术，实现了基于 Java Web 应用的 MVC 设计模式应用框架，其核心构成如图 5-15 所示。

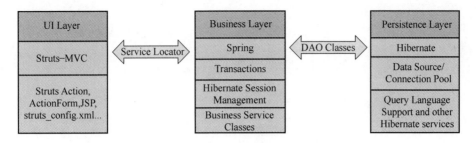

图 5-14　SSH 框架

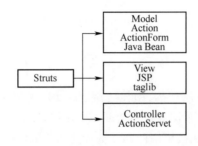

图 5-15　Struts 的核心构成

（1）Model 由 Action、ActionForm 及 JavaBean 组成，其中 ActionForm 用于将用户请求的参数，封装成为 ActionForm 对象，可以理解为实体，由 ActionServlet 转发给 Action，Action 处理用户请求，将处理结果返回到界面，Java Bean 和 EJB 等组件用于处理数据库的访问，并把响应提交到合适的 View 组件中。

（2）View 采用 JSP 和大量的 taglib，实现页面的渲染。

（3）Controller 是 Struts 的核心控制器，负责拦截用户请求，通过调用 Model 来实现处理用户请求的功能。

Struts 作为系统的整体基础架构，负责 MVC 的分离，将页面从业务逻辑分离出来，使用页面更加灵活多变，不影响业务逻辑，简化了基于 MVC 的 Web 应用程序的开发，使开发更加高效。

2）Hibernate

Hibernate 是一个对象关系映射框架，它对 JDBC 进行了轻量级的封装，便于使用面向对象的思想操作关系型数据库。Hibernate 的核心构成如图 5-16 所示。

Hibernate 的主要优点是：①封装了 jdbc，简化了很多重复性代码；②简化了 DAO 层编码工作，使开发更对象化；③移植性好，支持各种数据库，若个数据库只需要在配置文件中变换配置，不用改变 Hibernate 代码；④支持透明持久化，Hibernate 操作的是纯粹的 Java 类，没有实现任何接口，没有侵入性，因此它是一个

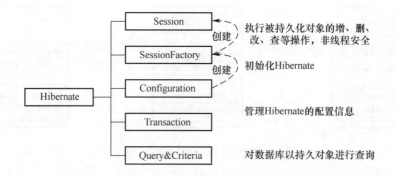

图 5-16 Hibernate 的核心构成

轻量级框架。

3) Spring

Spring 框架是一个分层架构,由核心层、JavaEE 封装层和应用层三层组成,其中应用层主要包括数据访问/集成和 Web 应用两部分。以 Spring4 为例,其基本结构如图 5-17 所示,其中测试模块(Test)支持使用 JUnit 或 TestNG 对 Spring 组件进行单元测试和集成测试。

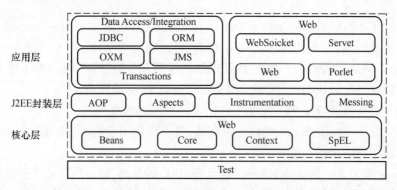

图 5-17 Spring4 结构图

Spring 各主要模块构成如下。

(1) 核心容器(Core Container)是其他模块建立的基础,由 spring-core、spring-beans、spring-context、spring-context-support 和 spring-expression 等模块组成。①spring-beans 和 spring-core 模块是 Spring 框架的核心模块,包含控制反转(Inversion of Control,IOC)和依赖注入(Dependency Injection,DI),其中 BeanFactory 接口是 Spring 框架核心接口,使用控制反转对应用程序的配置和依赖性规范与实际的应用程序代码进行了分离;②spring-context 模块在核心模块之上扩展了

BeanFactory,添加了Bean生命周期控制、框架事件体系以及资源加载透明化等功能,还提供如邮件访问、远程访问、任务调度等许多企业级支持;③spring-context-support提供对常见第三库的支持,集成到spring-context中;④spring-expression提供了强大的表达式语言(SPEL),用来在运行时查询和操作对象图,这种语言支持对属性值、属性参数、方法调用、数组内容存储、集合和索引、逻辑和算数操作及命名变量,并且通过名称从spring的控制反转容器中取回对象。

(2) JavaEE封装层包含spring-aop、spring-aspects、spring-instrument和spring-messaging等模块。①spring-aop提供面向切面的编程实现,AOP采取横向抽取机制,取代了传统纵向继承体系重复性代码(性能监视、事务管理、安全检查、缓存);②spring-aspects提供了AOP中的aspectj的集成和实现,它扩展了Java语言,有一个专门的编译器用于生成遵守Java字节编码规范的Class文件;③spring-instrument模块提供类检测支持和类加载器实现,用于某些应用服务器;④spring-messaging提供基于消息的基础服务,如message、messagechannel、messagehandler等。

(3) 数据访问/集成包含spring-oxm、spring-orm、spring-jdbc和spring-jms几大模块。①spring-oxm提供抽象层用于支持object/xml mapping的实现;②spring-orm提供对象关系映射API集成层;③spring-jdbc模块提供了一个JDBC的抽象层,消除了烦琐的JDBC编码和数据库厂商特有的错误代码解析;④spring-jms提供了生产和消费消息的功能,和spring-messaging模块结合使用,实现对消息的处理。

(4) Web应用由spring-web、spring-webmvc、spring-websocket和spring-portlet模块组成。①spring-web模块提供了基本的Web开发集成功能,如多文件上传功能、使用Servlet监听器初始化一个IOC容器,以及Web应用上下文;②spring-webmvc模块也称为Web-Servlet模块,包含用于Web应用程序的Spring MVC和REST Web Services实现;③spring-websocket模块提供了WebSocket和SocketJS的实现;④spring-portlet模块类似于Servlet模块的功能,提供了Portlet环境下的MVC实现。

5. 数据交换格式

客户端和服务器端的数据交换格式中,最核心的就是JSON(JavaScript Object Notation,JS对象简谱)和XML(Extensible Markup Language,可扩展标记语言)。

JSON一种轻量级的数据交换格式,具有良好的可读和便于快速编写的特性,可在不同平台之间进行数据交换。JSON采用兼容性很高的、完全独立于语言文本格式,同时也具备类似于C语言的习惯(包括C、C++、C#、Java、JavaScript、Perl、Python等)体系的行为,这些特性使JSON成为理想的数据交换语言。

XML是用于标记电子文件使其具有结构性的标记语言,可以用来标记数据、定义数据类型,是一种允许用户对自己的标记语言进行定义的源语言。XML 使用 DTD(Document Type Definition,文档类型定义)来组织数据,格式统一,跨平台和语言,早已成为业界公认的标准。

一般来说,JSON 是一种轻量级数据交换格式,XML 是一种重量级的数据交换格式。XML 的解析比较复杂,需要编写大段的代码,所以客户端和服务器的数据交换格式更倾向于采用 JSON。

XML 和 JSON 的优缺点对比如下。

(1) 可读性和描述性。JSON 和 XML 的数据可读性基本相同,XML 的描述性更好。

(2) 可扩展性。XML 相对具有更好的扩展性。

(3) 编码解码难度。XML 有丰富的编码工具,如 Dom4j、JDom 等,JSON 也有 json.org 提供的工具,相对来说,JSON 的编码和解析都更容易。

(4) 流行度。XML 已经被业界广泛的使用,而 JSON 才刚刚开始,但是在 Ajax 这个特定的领域,未来的发展一定是 XML 让位于 JSON。

(5) 数据体积和传输速度。相对于 XML,JSON 数据体积更小,传递速度更快。

(6) 数据交互性。JSON 与 JavaScript 的交互更加方便,更容易解析处理,更便于数据交互。

6. 数据缓存技术

HTTP 是无状态的,也就是说就算客户端是第二次访问服务器,服务器还是把此次访当作一个新的访问进行处理,因为服务端并不知道客户端之前是否访问过。会话跟踪是 Web 程序常用的技术,用来跟踪用户的整个会话,常用的会话跟踪技术是 Cookie 和 Session,其会话过程如图 5-18 所示。

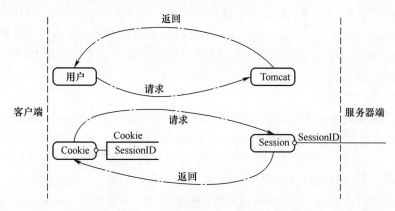

图 5-18　客户端与服务端的会话过程

Cookie 是客户端技术,当用户使用 HTTP 访问服务器时,服务器会将一些键值对信息返回给客户端浏览器,并且给这些数据加一些限制条件,在符合限制条件情况下用户下次访问服务器时,会带上之前设置的 Cookie 键值对信息。当该用户输入 URL 时,浏览器便会在本地硬盘上查找与该 URL 关联的 Cookie。如果该 Cookie 存在,浏览器便将该 Cookie 与页请求一起发送到网站。Cookie 与网站关联,而不是与特定的页面关联。因此,无论用户请求站点中的哪一个页面,浏览器和服务器都将交换 Cookie 信息。用户访问不同站点时,各个站点都可能会向用户的浏览器发送一个 Cookie,浏览器会分别存储所有 Cookie。Cookie 是保存在客户端上的,所以存在安全问题,并且 Cookie 有个数和大小限制(4KB),所以一般 Cookie 用来存储一些比较小且安全性要求不高的数据,而且一般数据都会进行加密。

Session 是服务器端技术,服务器使用一种类似哈希表的结构来保存信息。当程序需要为某个客户端的请求创建一个 Session 的时候,服务器首先检查这个客户端里的请求里是否已包含了一个 SessionID,如果已经包含一个 SessionID,则说明以前已经为此客户端创建过 Session,服务器就按照 SessionID 把这个 Session 检索出来使用(检索不到,可能会新建一个),如果客户端请求不包含 SessionID,则为此客户端创建一个 Session 并且声称一个与此 Session 相关联的 SessionID,SessionID 的值应该是一个既不会重复,又不容易被找到规律以仿造的字符串(服务器会自动创建),这个 SessionID 将被在本次响应中返回给客户端保存。

Cookie 和 Session 有以下明显的区别。

(1) Cookie 通过在客户端记录信息确认用户身份,Session 通过在服务端记录信息确认用户信息。

(2) Cookies 是服务器在本地机器上存储的小段文本并随每一个请求发送至同一个服务器。网络服务器用 HTTP 头向客户端发送 Cookies,在客户终端,浏览器解析这些 Cookies 并将它们保存为一个本地文件,它会自动将同一个服务器的任何请求缚上这些 Cookies。Session 并没有在 HTTP 中定义。

(3) Session 是针对每一个用户的,变量的值保存在服务器上,用一个 SessionID 来区分是哪个用户的 Session 变量,这个值是通过用户的浏览器在访问的时候返回给服务器,当客户禁用 Cookie 时,这个值也可能设置为由 get 来返回给服务器。

(4) 就安全性来说,当访问一个使用 Session 的站点,同时在自己的计算机上建立一个 Cookie,在服务器端的 Session 机制更安全,因为它不会读取客户存储的信息。

5.3.2 移动平台开发技术

伴随着移动互联网的高速发展,公司间竞争越来越激烈,如何提升研发效率、缩短研发周期,保障产品快速试错并能快速迭代新功能,让新产品新功能以更快的速度面向 Android、iOS 等多端用户是当今企业的一致诉求。

众所周知,Android App 就是指使用 Java 或 Kotlin 等开发语言在 Eclipse 或 Android Studio 的开发工具上直接调用 Android SDK API 开发的 App;iOS App 就是指通过 Objective-C 或 Swift 开发语言在 Xcode 的开发工具上直接调用 iOS SDK API 开发的 App;而 Web 通常采用 HTML/CSS/JavaScript 来编写。这就导致当需要开发支持多端的应用,每一端都需要独立研发、测试、上线运行以及后续的维护工作,工作量倍增,势必延长研发和迭代周期。为了解决多端独立开发的问题,混合开发技术和跨平台技术应运而生,移动平台的技术发展如图 5-19 所示。

图 5-19 移动平台开发技术发展

5.3.2.1 原生开发技术

原生开发指的是在 Android、iOS 等移动平台上利用官方提供的开发语言、开发类库以及开发工具等进行 App 开发。原生 App 开发代表着较好的用户体验和更快更高的性能,但是原生 App 的可移植性比较差,同一款原生 App,Android 和 iOS 都要各自开发,因而同样的逻辑、界面都要写两套。

原生开发的主要优势如下:

(1) 可访问手机所有功能(如 GPS、摄像头等)、可实现功能最齐全。

(2) 运行速度快、性能高,绝佳的用户体验。

(3) 支持大量图形和动画,不卡顿,反应快。

(4) 兼容性高,每个代码都经过程序员精心设计,一般不会出现闪退的情况,还能防止病毒和漏洞的出现。

(5) 比较快捷地使用设备端提供的接口,具有处理速度上有优势。

原生开发的劣势是只支持一个平台,开发成本高昂,需要雇佣更多开发人员,而且开发周期较长。

5.3.2.2 跨平台开发技术

跨平台开发可以使用一套相同的代码在多个平台上面运行,这样可以减少开发时间,实现快速交付。跨平台开发主要分为三类:基于 H5 和原生的混合开发、JavaScript 开发和原生渲染的跨平台开发,以及自绘 UI+原生跨平台开发。

1. 基于 H5(HTML5)和原生的混合开发

这类框架主要原理就是将 App 的一部分需要动态变动的内容通过 H5 来实

现,通过原生的网页加载控件 WebView(Android)或 WKWebView(iOS)来加载。这种"H5+原生"的开发模式为混合开发,采用混合模式开发的 App 可称之为 Hybrid App,若一个应用的大多数功能都是 H5 实现的话,则可称其为 Web App。

目前,开源和国产的混合开发框架的典型代表有:Ionic、VasSonic 和微信小程序。

(1) Ionic Framework 是一个开源 UI 工具包,最早的目标是使用 HTML、CSS 和 JavaScript 等 Web 技术开发移动应用程序,Ionic 可以跨平台跨端运行,如 iOS、Android 和浏览器等。

(2) VasSonic 是由腾讯 VAS 团队开发的轻量级高性能混合框架,旨在加速在 Android 和 iOS 平台上运行应用的首屏加载速度。VasSonic 不仅支持服务器呈现的静态或动态网站,而且还完美兼容 Web 离线资源。VasSonic 使用自定义的 url 连接而不是原始网络连接来请求索引 html,因此它可以提前或并行请求资源以避免等待视图初始化。在这种并行的情况下,VasSonic 可以通过 WebKit 或 Blink 内核读取和呈现部分数据,而无须花费太多时间等待数据流的结束。

(3) 微信小程序的主要开发语言是 JavaScript,其开发同普通的网页开发很相似。小程序的运行环境分成渲染层和逻辑层,分别由两个线程管理,渲染层的界面使用 WebView 进行渲染,逻辑层采用 JSCore 线程运行 JS 脚本。这两个线程的通信经由微信客户端(Native)中的 JSBridge 做中转,逻辑层发送网络请求也经由 Native 转发。

混合应用的优点是动态内容是 H5,运用 Web 技术栈,社区及资源丰富;其主要缺点是性能不好,对于复杂用户界面或动画,WebView 不堪重任。

2. JavaScript 开发和原生渲染的跨平台开发

JavaScript 开发并且由原生控件渲染这种跨平台开发方式,开源及国产的典型代表有 React Native、Weex 和快应用。

1) React Native

React Native 是 Facebook 于 2015 年 4 月开源的跨平台移动应用开发框架,目前支持 iOS 和 Android 两个平台。React Native 的技术架构如图 5-20 所示。

图中绿色的是应用开发代码编写的部分;蓝色代表公用的跨平台的代码和工具引擎;黄色代表平台相关的代码,做定制化的时候会添加修改代码,该部分不跨平台,要针对平台写不同的代码,如 iOS 写 OC,android 写 Java,Web 写 JS,每个 bridge 都有对应的 JS 文件,JS 部分可以共享;橙色部分代表系统平台。

2) Weex

Weex 是阿里开源的一款跨平台移动开发工具,它能够完美兼顾性能与动态性,让移动开发者通过简捷的前端语法写出原生级别的性能体验,并支持 iOS、Android、YunOS 及 Web 等多端部署。开发者只需要在自己的 App 中嵌入 Weex 的

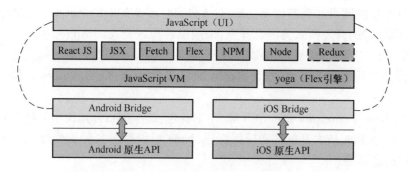

图 5-20　React Native 技术架构

SDK,就可以通过撰写 HTML/CSS/JavaScript 来开发 Native 级别的 Weex 界面。Weex 界面的生成码其实就是一段很小的 JS,可以像发布网页一样轻松部署在服务端,然后在 App 中请求执行。

Weex 技术架构如图 5-21 所示。

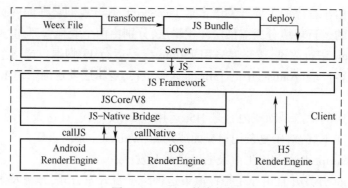

图 5-21　Weex 技术架构

Weex 首先将编写的 Weex 源码通过 transformer 转换成 JS Bundle,并将 JS Bundle 部署在服务器。当接收到 Android、iOS 和 Web 端的 JS Bundle 请求时,将 JS Bundle 下发给终端。在终端中,JS Framework 接收和执行 JS Bundle 代码,并执行数据绑定、模板编译等操作,然后输出 JSON 格式的 Virtual DOM,JS Framework 发送渲染指令给 Native,并分别提供 callNative 和 callJS 接口以实现 JS Framework 和 Native 的通信。

3) 快应用

2018 年 3 月,由小米科技有限责任公司、OPPO、vivo、华为等十多家国内主流厂商成立了快应用联盟。快应用介于移动网页和原生应用之间,第三方应用以移动网页的形式进行开发,最终得到原生渲染的效果体验。快应用框架深度集成进各手机厂商的手机操作系统中,可以在操作系统层面形成用户需求与应用服务的无缝连接，很多只用在原生应用中才能使用的功能，在快应用中可以很方便地实现，享受原生应用体验，同时不用担心分发留存等问题，资源消耗也比较少。对于每个智能手机设备，应用可以从多个系统入口，引用用户体验产品。快应用的技术架构如图 5-22 所示。

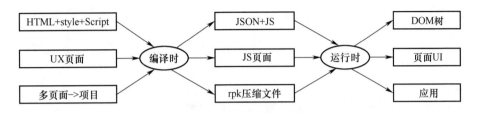

图 5-22　快应用技术架构

3. 自绘 UI+原生跨平台开发

自绘 UI 指的是通过在不同平台实现一个统一接口的渲染引擎来绘制 UI，而不依赖系统平台的原生控件，这样做可以保证不同平台 UI 的一致性。但是，自绘引擎解决的是 UI 的跨平台问题，如果涉及其他系统能力调用，依然要涉及原生开发。这种平台技术的优点是性能高，与原生控件接近，同时灵活、组件库易维护、UI 外观保真度和一致性高，其不足之处是动态性不足。自绘 UI 框架的代表有 Qt 和 Flutter。Qt 在 PC 领域发展良好，但用于移动端开发的自绘 UI 框架主要是 Flutter。

Flutter 是谷歌公司的移动 UI 框架，可以快速在 Android 和 iOS 上构建高质量的原生用户界面。Flutter 提出了一切皆 Widget 的概念，文本、图片、卡片、输入框、布局方式和动画等都是 Widget，通过使用不同类型的 Widget，就可以实现复杂的界面。Flutter 的不足之处是不支持动态下发代码和热更新。Flutter 的技术架构如图 5-23 所示。

Framework Dart	Materia		Cupertino
	Widgets		
	Rendering		
	Animation	Painting	Gestures
	Foundation		
Engine C/C++	Service Protocol	Composition	Platform Channels
	Dart Isolate Setup	Rending	System Events
	Dart VM Management	Frame Scheduing	Asset Resolution
		Frame Pipelining	Text Layout
Embedder Platform Specific	Render Surface Setup	Native Plugins	Packaging
	Thread Setup	Event Loop interop	

图 5-23　Flutter 技术架构

三类跨平台开发技术的对比见表 5-1。

表 5-1 三类跨平台开发技术对比

技术类型	UI 渲染方式	性能	开发效率	动态化	典型框架
H5+原生	WebView 渲染	一般	高	支持	Ionic
JavaScript+原生渲染	原生控件渲染	好	中	支持	RN、Weex
自绘 UI+原生	调用系统 API 渲染	好	高	默认不支持	Flutter

5.4 装备保障信息系统架构设计

装备保障信息系统通常都是基于网络的信息系统,通常具有两种结构:基于客户端/服务器的 C/S 结构和基于浏览器/服务器的 B/S 结构,主体是 B/S 结构。

装备保障信息系统一般具有以下的特点。

(1) 装备保障信息系统一般涉及持久化数据,装备保障相关数据的生命期长,无论硬件、操作系统、应用程序怎么变,数据都不能受到损害。

(2) 装备保障信息系统一般涉及大量数据和多用户并发。

(3) 装备保障信息系统涉及大量的用户操作界面,用户使用频率差异很大。

(4) 装备保障信息系统需要具备高安全性(具有抗外来攻击的能力)、高可靠性(系统不会由于访问的压力而轻易崩溃)和高可用性(系统的持续运行能力)。

5.4.1 装备保障信息系统的架构设计原则

装备保障信息系统架构设计需遵循如下原则。

1) 实用性和适用性原则

每一个提交到用户手中的系统都应该是实用的,能解决用户实际问题;系统不能一味追求技术领先,要根据具体情况选择合适的技术和方法。

2) 适应性和可扩展性原则

系统需要具备一定的适应能力,特别是 Web 应用要能适应于多种运行环境,来应对未来变化的环境和需求;可扩展性主要体现在系统易于扩展,例如,可以采用分布式设计、系统结构模块化设计,系统架构可以根据网络环境和用户的访问量而适时调整。

3) 简单性和可靠性原则

"简单优于复杂",软件领域的复杂性体现结构的复杂性和功能的复杂性,要避免单个组件承担太多的功能导致的结构复杂,也要避免采用复杂算法等导致的功能复杂;同时,系统应该是可靠的,在出现异常的时候应该有人性化的异常信息方便用户理解原因,或采取适当的应对方案,在设计业务量比较大的时候可采用先进的嵌入式技术来保证业务的流畅运行。

4) 安全性原则

现在的计算机病毒几乎都来自网络,Web 应用应尽量采用五层安全体系,即网络层安全、系统安全、用户安全、用户程序的安全和数据安全。系统必须具备高可靠性,对使用信息进行严格的权限管理,技术上采用严格的安全与保密措施,保证系统的可靠性、保密性和数据一致性等。

5) 可管理维护性原则

Web 系统应该有一个完善的管理和维护机制,以保障信息系统的持续可靠运行。

6) 持续演化原则

在开始设计之前应该对 Web 系统进行总体规划,然后逐步开发,设计出来的架构要首先满足当时的业务需要,在运用过程中,架构要不断地在实际应用过程中迭代,保留优秀的设计,修复有缺陷的设计,改正错误的设计,去掉无用的设计,使得架构逐渐完善。

5.4.2 基于云计算和 SOA 的装备保障信息系统架构

装备保障信息系统是一个融合了多元信息的集成系统,现在一般都采用分层开发的方式,在适应系统需求的准则下,设计低耦合的分层结构,利于团队成员的分工协作,提高开发效率,降低项目风险,实现各个模块的功能设计,完成整个系统的开发。

分层架构指的是将系统的组件分隔到不同的层中,每一层中的组件应保持内聚性,并且应大致在同一抽象级别,每一层都应与它下面的各层保持松散耦合。

5.4.2.1 SOA 的关键技术

SOA 架构是企业级应用开发最常用的架构,SOA 实现的核心是服务,最基本的元素也是服务,其主要关键技术如下。

1) Web 服务描述定义语言(Web Service Definition Language,WSDL)

WSDL 是基于 XML 的用于描述 Web Services,以及如何访问 Web Services 的语言,描述了 Web 服务的接口、消息格式约定和访问地址三方面的基本内容。

2) 简单对象访问协议(Simple Object Access Protocol,SOAP)

SOAP 是一种轻量的、简单的、基于 XML 的协议,它被设计成在 Web 上交换结构化的和固化的信息,它这是可以和当前很多的互联网协议和方式结合着使用的一种信息。

3) 统一描述发现和集成(Universal Description Discovery And Integration, UDDI)

UDDI 是一种目录服务,用于说明一个 Web 服务的一些信息类型,UDDI 定义如何查找 Web 服务(及其 WSDL 文件),基于其可实现 Web 服务的注册和搜索。

SOA 的优势如下:

(1) 能够提高开发效率,可以将整个系统分为几个不同的子系统,不同团队负责不同的系统,从而提高开发效率。

(2) 解耦,降低了系统之间的耦合。

(3) 易于扩展,业务逻辑改变时只需要修改单个服务,减少了对使用者的影响。

5.4.2.2 云计算简介

云计算是一个网络应用模式,狭义的云计算是指 IT 基础设施的交付和使用模式,指通过网络以按需、易扩展的方式获得所需的资源;广义的云计算是指服务的交付和使用模式,指通过网络以按需、易扩展的方式获得所需的服务。这种服务可以是 IT 和软件、互联网相关的,也可以是任意其他的服务,它具有超大规模、虚拟化、可靠安全等独特功效。云计算的主要特点如下。

1) 对资源强调共享而不是独占

云计算是利用资源之间的共享来达到提升资源利用效率,从而达到减低计算的成本的目的。目前,很多单位的信息化系统通常采用"独立方案"来进行,形成了很多"遗留系统",造成了数据库、Web 应用和 Web 资源的浪费,而云计算可以很好地解决这些问题。

2) 对资源强调集中管理

云计算通过资源集中形成一个计算资源(包括网络、服务器、存储、应用和服务)共享池(资源池),然后让不同的用户共享访问,因此云计算模式下一个显著的特点便是数据中心的建立。

3) 强调动态的资源配置

云计算作为一种提供服务的系统,客户需要的是满意的服务,所以云计算必须对客户的资源需求及时反馈。为此,很多的云计算采用了虚拟化技术,以降低不同的信息资源之间的耦合度,提升动态资源配置的效率。

根据云计算中资源池内资源的类别,可将其服务模式分为三种。

1) 基础设施即服务(Infrastructure as a Service, IaaS)

IaaS 即把厂商的由多台服务器组成的"云端"基础设施,作为计量服务提供给客户。它将内存、I/O 设备、存储和计算能力整合成一个虚拟的资源池为整个业界提供所需要的存储资源和虚拟化服务器等服务。具备了这样的设施资源,使用者就不用购买、维护相关的系统的设施和软件,还可以更加直接地使用这些设施做好自己的平台和不同信息体系的建立工作。

2) 平台即服务(Platform as a Service,PaaS)

把开发环境作为一种服务来提供。这是一种分布式平台服务,厂商提供开发环境、服务器平台、硬件资源等服务给客户,用户在其平台基础上定制开发自己的应用程序并通过其服务器和互联网传递给其他客户。PaaS 能够给企业或个人提供研发的中间件平台,提供应用程序开发、数据库、应用服务器、试验、托管及应用服务。

3) 软件即服务(Software as a Service,SaaS)

SaaS 服务提供商将应用软件统一部署在自己的服务器上,用户根据需求通过网络向厂商订购应用软件服务,服务提供商根据客户所定软件的数量、时间的长短等因素收费,并且通过浏览器向客户提供软件的模式。该服务模式的优势是,由服务提供商维护和管理软件、提供软件运行的硬件设施,用户只需拥有能够接入互联网的终端,即可随时随地使用软件。

5.4.2.3 基于云计算和 SOA 的装备保障信息系统架构设计

SOA 注重以服务的理念来设计架构,而云计算则通过 IaaS、PaaS 和 SaaS 将各种资源(服务)提供给用户,因此,要做到成本的节约和遗留信息的整合,可以设计基于云计算和 SOA 的混合架构,以提高装备保障信息化建设的效率。

该架构在整体设计上采用 SOA 设计模式,而具体各个部分的架构设计,都采用云计算技术予以实现。首先,在硬件底层、数据层和业务层将装备保障信息化应用以私有云或公有云的形式进行部署(采用 IaaS 和 PaaS),以提高系统资源的利用率;然后在服务层使用 Web 服务的形式封装分布在云端的各个功能;最后,在表示层采用 SaaS 的形式,用统一的平台来实行装备保障信息化应用的完美整合,从而加强用户的体验。

基于云计算和 SOA 的装备保障信息系统架构由三部分组成,其体系结构以服务为核心,如图 5-24 所示。

1) 应用层 SaaS

应用层提供业务管理和个人应用等软件服务。其中装备保障信息化业务应用于处理部队装备保障业务,如装备管理、装备维修管理、器材供应管理等;个人应用指面向部队个人用户的服务,如电子邮件、文本处理和个人信息存储等。

2) 平台层 PaaS

平台层为用户提供对资源层服务的封装,使用户可以构建自己的应用。其中

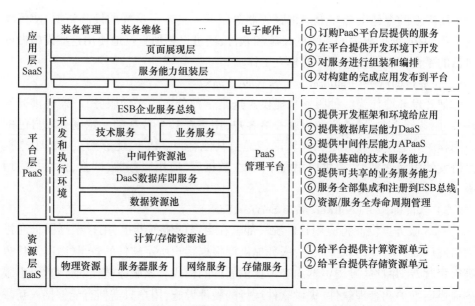

图 5-24 基于云计算和 SOA 的装备保障信息系统架构

数据库服务提供可扩展的数据库处理的能力,中间件服务为用户提供可扩展的消息中间件或事务处理中间件等服务。

3) 资源层 IaaS

资源池层是指基础架构层面的云计算服务,这些服务可以提供虚拟化的资源,从而隐藏物理资源的复杂性。其中物理资源指的是物理设备,如服务器等;服务器服务指的是操作系统的环境,如 Linux 集群等;网络服务指的是提供的网络处理能力,如防火墙、VLAN、负载等;存储服务为用户提供存储能力。

第6章
装备保障信息系统集成技术

系统集成即将各个分离的设备、功能和信息等集成到相互关联的、统一和协调的系统之中,以便资源共享,并实现集中、高效的管理。系统集成实现的关键在于解决系统之间的互联和互操作性问题,它是一个多厂商、多协议和面向各种应用的体系结构,需要解决各类设备、子系统间的接口、协议、系统平台、应用软件等与子系统、建筑环境、施工配合、组织管理和人员配备相关的一切面向集成的问题。

本章首先对系统集成进行简要概述,然后介绍典型信息系统集成技术,最后在分析装备保障信息系统集成需求的基础上,提出装备保障信息网络集成和装备保障信息系统集成平台的设计方案。

6.1 信息系统集成概述

随着计算机技术的快速发展,信息系统在各行业中得到广泛应用。然而由于信息系统发展早期没有考虑不同系统之间的数据交换和协同工作,各系统使用的技术体制、开发语言、接口标准等自成体系,因此造成"烟囱林立"的局面,极大地影响了信息系统的应用效率和效益。

信息系统的异构性是系统集成问题的根源,也就是说,由于信息系统中存在着异构的成分,导致了系统中各个子系统无法有效交互共享,才有了系统集成的必要。信息系统的异构性主要体现在以下几个方面。

(1) 计算机体系结构的异构,各信息系统可以分别运行在大型机、小型机、工作站、PC 或嵌入式系统中。

(2) 网络体系的异构,信息系统的网络设备、网络通信协议、网络存储等方面均存在异构。

(3) 基础操作系统的异构,各信息系统的操作系统有 UNIX、Windows、Linux 等。

(4) 数据库管理系统的异构,数据库管理系统可以是不同数据模型的数据库,如关系、模式、层次、网络、面向对象等,而同样的关系型数据库系统,也可以是 Oracle、SQL Server、MySQL 等,共同组成了一个异构信息系统。

(5)编程语言的异构,各信息系统通常采用不同的编程语言。

现有系统已投资了大量的硬件设施,累积了大量宝贵的信息资源,也得到了大量用户的支持,不可能全部推倒重建,因此,运用合适的系统集成方法和技术,最大限度对现有异构系统进行集成,便成为当前系统集成的有效途径和重要手段。

6.1.1 信息系统集成的概念

所谓系统集成是以用户的应用需要和投入的资金规模为出发点,综合应用各种计算机网络相关技术,适当选择各种软硬件设备,经过相关人员的集成设计、安装调试、应用开发等大量技术性工作和相应的管理性工作,使集成后的系统既能满足用户实际工作的要求,又具有良好的性能和适当的价格的全过程。

从广义角度看,系统集成包含人员的集成、单位内部组织的集成、各种管理上的集成、各种技术上的集成、计算机系统平台的集成等;从狭义角度看,系统集成的主要对象和内容包括人员的集成、硬件的集成、软件的集成和信息的集成等。

系统集成实现的关键在于解决系统之间的互联和互操作性问题,需要具体解决各类设备、子系统间的接口和协议,系统平台、应用软件等与子系统、建筑环境的施工配合,以及组织管理和人员配备相关的一切面向集成的问题。

信息系统集成有以下几个显著特点。

(1)信息系统集成要以满足用户需求为根本出发点。

(2)信息系统集成不只是设备选择和供应,更重要的,它是具有高技术含量的工程过程,要面向用户需求提供全面解决方案,其核心是软件。

(3)系统集成的最终交付物是一个完整的系统而不是一个分立的产品。

(4)系统集成包括技术、工程和管理等各项工作,是一项综合性的系统工程。技术是系统集成工作的核心,工程和管理活动是系统集成项目成功实施的保障。

6.1.2 信息系统集成的目标和原则

信息系统集成的目的是通过信息系统的集成,促进思想观念的转变、组织机构的重组和业务流程的重构,使各信息系统开放互连,使整个组织彼此协调地工作,从而发挥整体上的最大效益。

信息系统集成的主要原则如下。

1)开放性

"开放性"和"标准性"是同义词,是当今计算机应用的共同呼声和迫切愿望,是计算机技术发展的必然趋势。在系统集成当中,产品选型、设备选型、软件选型、软件工具的工发等一系列工作应采用国际流行标准,特别是工业标准。开放性好的系统肯定是一个有生命的、应用软件可移植的好系统。

2) 实用性和先进性

实用有效是最主要的设计目标,设计结果应能满足需求,且切实有效;设计上确保设计思想先进、信息系统结构先进、系统硬件设备先进、开发工具先进。

3) 稳定性和可靠性

稳定可靠、安全地运作是系统设计的基本出发点,技术指标按平均无故障时间(Mean Time between Failure,MTBF)和平均修复间隔时间(Mean Time between Repair,MTBR)衡定,重要信息系统应采用容错设计,支持故障检测和恢复;安全措施有效可信,能够在软、硬件多个层次上实现安全控制。

4) 灵活性和可扩展性

系统集成配置灵活,提供备用和可选方案;能够在规模和性能两个方面进行扩展,使其性能有大幅度提升,以适应应用和技术发展的需要。

6.1.3 信息系统集成的方式

信息系统集成主要包括硬件集成、软件集成、数据集成和应用系统集成等集成方式。

1. 硬件集成

硬件集成也称设备系统集成,它指以搭建组织机构内的信息化管理支持平台为目的,利用综合布线技术、楼宇自控技术、通信技术、网络互联技术、多媒体应用技术、安全防范技术、网络安全技术等,将相关设备、软件进行集成设计、安装调试、界面定制开发和应用支持。设备系统集成也可分为智能建筑系统集成、计算机网络系统集成和安防系统集成等。

1) 智能建筑系统集成

是指以搭建建筑主体内的建筑智能化管理系统为目的,利用综合布线技术、楼宇自控技术、通信技术、网络互联技术、多媒体应用技术、安全防范技术等将相关设备、软件进行集成设计、安装调试、界面定制开发和应用支持。智能建筑系统集成实施的子系统包括综合布线、楼宇自控、电话交换机、机房工程、监控系统、防盗报警、公共广播、门禁系统、楼宇对讲、一卡通、停车管理、消防系统、多媒体显示系统、远程会议系统等。

2) 计算机网络系统集成

是指通过结构化的综合布线系统和计算机网络技术,将各个分离的设备(如个人计算机)、功能和信息等集成到相互关联的、统一和协调的系统之中,使资源达到充分共享,实现集中、高效、便利的管理。

3)安防系统集成

安防系统集成实施的子系统包括门禁系统、楼宇对讲系统、监控系统、防盗报警、一卡通、停车管理、消防系统、多媒体显示系统、远程会议系统。安防系统集成既可作为一个独立的系统集成项目,也可作为一个子系统包含在智能建筑系统集成中。

2. 软件集成

现代编程方式经历了面向过程编程、面向对象编程、面向构件编程和面向服务编程等四个阶段。随着编程方式的不断发展,信息系统集成方法也越发成熟可靠。目前,主流的信息系统集成方法主要有基于软件构件的方法和基于面向服务架构的方法。

基于软件构件的集成方法是将不同功能的软件按照统一的标准接口预制成构件,存放到构件库里,需要时以"搭积木"的方式来组装应用系统,从而实现系统的集成。

基于面向服务架构的集成方法是将应用程序的不同功能单元(称为服务),通过中立标准定义的接口和契约联系起来,从而使得构建在系统中的服务可以使用统一、标准的方式进行通信,达到集成目的。

构件的应用往往会受到特定技术的制约,因此主要用于面向内联网和部门内部集成的应用。而SOA由于优越的平台无关性,即使开发语言、平台迥异,也可以很好地进行交互,因此更适合于跨部门、跨业务的信息系统集成。

3. 数据集成

数据集成建立在硬件集成和软件集成之上,是系统集成的核心,主要问题包括:合理规划数据和信息、减少数据冗余、更有效地实现信息共享、确保数据和信息的安全保密等。

数据集成是把不同来源、格式、特点性质的数据在逻辑上或物理上有机地集中,从而为用户提供全面的数据共享。在数据集成领域,已经有了很多成熟的框架可以利用。目前通常采用联邦式、数据仓库和基于中间件模型等方法来构造数据集成的系统,这些技术在不同的着重点和应用上解决数据共享问题。

4. 应用系统集成

应用系统集成以系统的高度为客户需求提供应用的系统模式,以及实现该系统模式的具体技术解决方案和运作方案,即为用户提供一个全面的系统解决方案。应用系统集成已经深入到用户具体业务和应用层面,在大多数场合,应用系统集成又称为行业信息化解决方案集成。应用系统集成可以说是系统集成的高级阶段,独立的应用软件供应商将成为核心。

6.1.4 信息系统集成的发展

集成技术的发展大体经历了以下四个阶段。

1. 点对点集成

点对点集成方式是指应用系统直接连接到需要对接的系统,基于 Socket 和远程方法调用(Remote Method Invocation,RMI)等信息传输通道,依赖双方定义的严格的私有格式,或通过电子数据交换(Electronic Data Interchange,EDI),及采用编程的方式来完成系统之间的数据交换任务。

点对点集成方式简单但缺乏灵活性,不利于系统扩展,随着系统不断扩大,系统中的依赖变得非常复杂,其集成复杂性和工作量将呈指数级增加。点对点集成是无法集成管理监控的,因为其仅支持一对一通信以实现数据交换。

2. 基于企业应用集成(Enterprise Application Integration,EAI)的集成

随着信息技术的不断发展,信息系统数量激增,又由于信息系统的异构性,系统相互之间缺乏有效的通信,大部分成了一个个的信息孤岛,面临着应用系统的整合问题,而如何解决开发语言、开发平台、通信协议、数据格式等差异所带来的高代价的系统集成是问题关键。

企业应用集成将企业中的业务流程、应用系统、硬件和各种标准联合起来,在两个或更多的企业应用系统之间实现无缝集成,使它们像一个整体一样进行业务处理和信息共享。企业应用集成不仅包括企业内部的应用系统集成,还包括企业与企业之间的集成,以实现企业与企业之间的信息交换、商务协同、过程集成和组建虚拟企业和动态联盟等。目前,常用的企业应用集成技术有远程过程调用技术、分布式对象技术、面向消息的中间件技术和 Web 服务技术。

3. 基于 SOA 的集成

SOA 通过应用组件和传输协议的松散耦合,服务的即时绑定,从而实现业务组件的虚拟化,造就一个虚拟的集成架构或者集成平台服务总线,这样使得服务集成不受任何限制,可以同时集成 .NET 组件和 Java 平台环境组件,以及集成其他遗留系统的各种应用,同时也可以随时更换这些服务组件,最终达到敏捷的、不受限制的服务集成目标,从而使 IT 能够随着业务需求的变化而自由调整,能充分利用已有的软件资源,很适合于应用于分布式、松耦合、异构平台的场合,彻底解决"信息孤岛"问题。

4. 基于微服务的集成

微服务是一种用于构建应用的架构方案,可将应用拆分成多个核心功能,每个功能都被称为一项服务,可以单独构建和部署,这意味着各项服务在工作(和出现故障)时不会相互影响。但是,微服务架构不只是应用核心功能间的这种松散耦

合,它还涉及重组开发团队、如何进行服务间通信以应对不可避免的故障、满足未来的可扩展性并实现新的功能集成。

6.2 典型信息系统集成技术和方法

6.2.1 网络集成技术

网络集成技术相关技术主要包括网络协议、网络设备、网络接入技术和网络存储技术等。

1. 网络协议

网络协议是为计算机网络中进行数据交换而建立的规则、标准或约定的集合。国际标准化组织 ISO,国际电报电话咨询委员会(CCITT)联合制定的开放系统互联(Open System Inter Connect,OSI)参考模型,其目的是为异种计算机互连提供一个共同的基础和标准框架,并为保持相关标准的一致性和兼容性提供共同的参考。OSI 采用了分层的结构化技术,从下到上共分为物理层、数据链路层、网络层、传输层、会话层、表示层和应用层。其中,网络层具体协议有 IP、ICMP、IPX、ARP 等;传输层具体协议有 TCP、UDP、SPX;应用层的协议有 HTTP、Telnet、FTP、SMTP 等;在数据链路层,有 IEEE 802.3/2 以太网规范,广域网协议包括点对点协议(PPP),ISDN,XDSL DDN 数字专线,x.25,FR 帧中继,ATM 异步传输模式等。

2. 网络设备

网络设备及部件是连接到网络中的物理实体。网络设备的种类繁多,且与日俱增。基本的网络设备有计算机(服务器和计算机)、集线器、交换机、网桥、路由器、网关、网络接口卡、无线接入点、打印机和调制解调器、光纤收发器、光缆等。

(1)服务器是网络的中枢和信息化的核心,具有高性能、高可靠性、高可用性、I/O 吞吐能力强、存储容量大、联网和网络管理能力强等特点。

(2)中继器是局域网互联的最简单设备,它工作在 OSI 体系结构的物理层,它接收并识别网络信号,然后再生信号并将其发送到网络的其他分支上。

(3)集线器是有多个端口的转发器,简称 HUB。

(4)网桥工作于 OSI 体系的数据链路层,网桥包含了中继器的功能和特性,可根据帧物理地址进行网络之间的信息转发,可缓解网络通信繁忙度,提高效率,只能够链接相同 MAC 层的网络。

(5)路由器工作在 OSI 体系结构中的网络层,通过逻辑地址进行网络之间的信息转发,可完成异构网络之间的互联互通,只能连接使用相同网络层协议的子网,主要用于广域网或广域网与局域网的互联。

（6）网关是最复杂的网络互联设备,用于连接网络层以上执行不同协议的子网,网关的一个较为常见的用途是在局域网的微机和小型机或大型机之间做翻译,其典型应用是网络专用服务器。

（7）交换机是一种用于电(光)信号转发的网络设备。它可以为接入交换机的任意两个网络节点提供独享的电信号通路。最常见的交换机是以太网交换机,其他常见的还有电话语音交换机、光纤交换机等。

3. 网络接入技术

目前,接入互联网的主要方式可分为两个大的类别,即有线接入和无线接入,其中有线接入方式包括 PSTN、ISDN、非对称数字用户环线(Asymmetrical Digital Subscriber Loop,ADSL)、FTTx(Fiber to the X)+LAN 和混合光纤同轴电缆(Hybrid Fiber Coaxial Cable,HFC)等,无线接入方式包括 GPRS、3G/4G/5G 接入等。

（1）PSTN 是指利用电话线拨号接入互联网,通常计算机需要安装一个 Modem(调制解调器),将电话线插入 Modem,在计算机上利用拨号程序输入接入号码进行接入,PSTN 的速度较低,一般低于 64kb/s。

（2）ISDN 俗称一线通,是在电话网络的基础上构造的纯数字方式的综合业务数字网,能为用户提供包括话音,数据,图像和传真等在内的各类综合业务。

（3）ADSL 的服务端设备和用户端设备之间通过普通的电话线链接,无需对如何线缆进行改造,就可以为现有的大量电话用户提供 ADSL 宽带接入。其主要特点是上行速度和下行速度不一样,并且往往是下行速度大于上行速度。

（4）FTTx+LAN 接入:光纤通信是指利用光导纤维传输光波信号的一种通信方法,相对于以电为媒介的通信方式而言,光纤通信的主要优点是传输带宽高、信息容量大、传输损耗小、抗电磁干扰能力强、线径细、重量轻、资源丰富等。

（5）HFC 是将光缆敷设到小区,通过光电转换节点,利用有线电视的总线式同轴电缆连接到用户,提供综合电信业务的技术。这种方式可以充分利用原有有线电视网络,由于具有建网快,造价低等特点,使其逐渐成为最佳的接入方式之一。

（6）无线网络是指以无线电波作为信息传输媒介,典型接入方式有 WiFi、4G/5G 等。

4. 网络存储技术

网络存储技术的目的都是扩大存储能力,提高存储性能。目前,主流的网络存储技术主要包括 DAS、NAS 和 SAN 三种。

6.2.2 数据集成技术

数据集成是要将互相关联的分布式异构数据源集成到一起,使用户能够以透明的方式访问这些数据源。

数据集成的难点在于数据源的异构性、分布性和自治性。首先,被集成的数据源通常是独立开发的,数据模型异构,主要表现在数据语义、相同语义数据的表达形式、数据源的使用环境等方面。其次,数据源是异地分布的,依赖网络传输数据,这就存在网络传输的性能和安全性等问题。最后,各数据源有很强的自治性,它们可以在不通知集成系统的前提下改变自身的结构和数据,对数据集成系统的鲁棒性提出挑战。

数据集成的主要方法有模式集成方法、数据仓库方法和语义集成方法等。

6.2.2.1 模式集成方法

模式集成方法即在构建集成系统时将各数据源的数据视图集成为全局模式,使用户能够按照全局模式透明地访问各数据源的数据。全局模式描述了数据源共享数据的结构、语义及操作等。用户直接在全局模式的基础上提交请求,由数据集成系统处理这些请求,转换成各个数据源在本地数据视图基础上能够执行的请求。

模式集成方法的特点是直接为用户提供透明的数据访问方法,必须解决两个基本问题:一是构建全局模式与数据源数据视图间的映射关系;二是处理用户在全局模式基础上的查询请求。模式集成的主要方法有联邦数据库集成方法、中间件集成方法和P2P数据集成方法。

1. 联邦数据库集成方法

联邦数据库系统(Federated Database System,FDBS)由半自治数据库系统构成,相互之间分享数据,联盟各数据源之间相互提供访问接口,同时联盟数据库系统可以是集中数据库系统或分布式数据库系统及其他联邦式系统。在这种模式下又分为紧耦合和松耦合两种情况。紧耦合提供统一的访问模式,一般是静态的,在增加数据源上比较困难。而松耦合则不提供统一的接口,可以通过统一的语言访问数据源,但是必须解决所有数据源语义上的问题。

2. 中间件集成方法

中间件模式通过统一的全局数据模型来访问异构的数据库、遗留系统和Web资源等。中间件位于异构数据源系统(数据层)和应用程序(应用层)之间,向下协调各数据源系统,向上为访问集成数据的应用提供统一数据模式和数据访问的通用接口。各数据源的应用仍然完成它们的任务,中间件系统则主要集中为异构数据源提供一个高层次检索服务,其基本集成模型如图6-1所示。

基于中间件的数据集成系统主要包括中间件(Mediator)和包装器(Wrapper),其中每个数据源对应一个包装器,中间件通过包装器和各个数据源交互。用户的查询是基于中介模式的,不必知道每个数据源的模式。中间件将基于中介模式的一个查询转换为基于各局部数据源模式的一系列查询,交给查询引擎做优化并执行。对每个数据源进行的查询都会返回结果数据,中间件再对这些数据做连接和

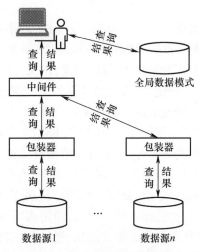

图 6-1　基于中间件的集成模型

集成,最后将符合用户查询要求的信息返回给用户。

中间件模式是比较流行的数据集成方法,这种模型下的关键问题是如何构造这个逻辑视图并使得不同数据源之间能映射到这个中间层。

3. P2P 数据集成方法

P2P 是一种基于对等网络的架构,是计算机系统的机构从传统的集中式发展为松散耦合分布式的新模式。在 P2P 数据集成方法中,参与集成的各个数据源节点分别视为一端,每个节点可以将自己的一部分本地数据模式映射成为端共享模式,向其他节点共享自己的数据。纯粹的 P2P 数据集成方法没有全局数据模式,各节点可以直接通过 P2P 映射使用其他节点共享的数据模式,从而形成各节点对等的数据共享和访问机制。

6.2.2.2　数据仓库方法

数据仓库是在企业管理和决策中面向主题的、集成的、与时间相关的和不可修改的数据集合。其中,数据被归类为广义的、功能上独立的、没有重叠的主题。这几种方法在一定程度上解决了应用之间的数据共享和互通的问题,但也存在以下的异同:联邦数据库系统主要面向多个数据库系统的集成,其中数据源有可能要映射到每一个数据模式,当集成的系统很大时,对实际开发将带来巨大的困难。

数据仓库技术则在另外一个层面上表达数据之间的共享,它主要是为了针对企业某个应用领域提出的一种数据集成方法,也就是面向主题并为企业提供数据挖掘和决策支持的系统。

6.2.2.3 语义集成技术

数据的异构性包括两个方面：一是结构性异构，即不同数据源的数据结构不同；二是语义性异构，即不同数据源的数据项在内容和含义上的不同。目前，XML已经成为异构系统间数据交换的公认标准，因此，语义异构是数据集成的难点。

本体是对某一领域中的概念及其之间关系的显式描述，是语义网络的一项关键技术。本体技术能够明确表示数据的语义并支持基于描述逻辑的自动推理，为语义异构性问题的解决提供了新思路。在基于本体的异构数据集成中，建立数据资源到知识本体的语义映射是关键，即通过对数据资源模式和本体的模型研究，按照某种映射规则构建二者对应元素之间的映射关系，并将映射结果以某种表达形式展现出来。通过该技术，一方面，面向上层用户屏蔽了底层数据资源的异构性，保证了用户对数据资源的透明访问；另一方面，使用领域本体对异构数据资源进行语义标注，能更好地表述数据资源的语义信息，便于程序和用户更正确地理解所访问的数据。算法流程如图6-2所示。

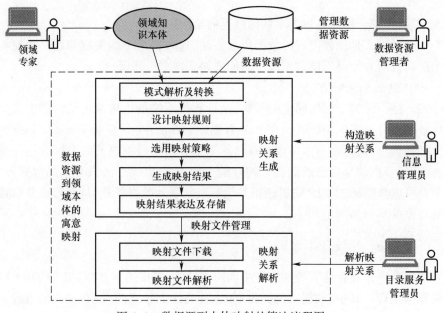

图6-2 数据源到本体映射的算法流程图

1）映射关系生成

建立数据资源与本体之间的映射关系，首先要通过模式解析和转换，消除数据源和本体在模型上的异构性；然后设计二者对应元素之间的映射规则；接着根据应用场景选用映射策略，寻找映射结果；之后生成映射结果并以某种形式表达；最后将映射文件上传到文件服务器上,并提供映射文件管理的能力。

2)映射关系解析

解析数据源与本体之间的映射关系,首先将文件服务器上的映射文件下载到本地,然后解析映射文件获取二者之间的映射关系,提供给目录服务等应用将对本体概念的查询请求快速准确地定位到对具体数据源的查询。

6.2.3 基于中间件的集成技术

6.2.2 节的模式集成方法中介绍了基于中间件的数据集成方法。实际上,中间件是一种独立的系统软件或服务程序,处在操作系统、网络和数据库之上,应用软件的下层,中间件为处于其上层的应用软件提供运行与开发的环境,帮助用户灵活、高效地开发和集成复杂的应用软件,如图 6-3 所示。

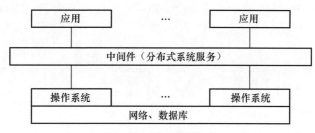

图 6-3 中间件图示

中间件可运行于多种硬件和 OS 平台,支持标准的协议和接口,支持分布计算,提供跨网络、硬件和 OS 平台的透明性的应用或服务的交互。

按照中间件在分布式系统中承担的职责不同,可以划分以下几类中间件产品。

(1)通信处理中间件。在分布式系统中,要制定出通信协议,以保证系统能在不同平台之间通信,实现分布式系统中可靠的、高效的、实时的跨平台数据传输,这类中间件称为消息中间件,主要产品有 BEA 的 eLink、IBM 的 MQSeries 等。

(2)事务处理中间件。在分布式事务处理系统中,经常要处理大量事务,每项事务常常要多台服务器上的程序按顺序协调完成,一旦发生故障,不但要完成恢复工作,而且要自动切换系统,实现高可靠性运行。要使大量事务在多台应用服务器上能实时并发运行,并进行负载平衡的调度,要求中间件系统具有监视和调度整个系统的功能,典型产品有 BEA 的 Tuxedo 等。

(3)数据存取管理中间件。在分布式系统中,重要的数据都集中存放在数据服务器中,这些数据可以是关系型的、复合文档型,或是具有各种存储格式的多媒体型,有些事是经过加密或压缩存放的,数据存取管理中间件将为数据在网络上的虚拟缓冲存取、格式转换、解压等带来方便。

(4) 安全中间件。产生不安全因素是由操作系统引起的,一些军事、政府和商务部门上网的最大障碍是安全保密问题,而且不能使用国外提供的安全措施(如防火墙、加密、认证等),必须用国产安全中间件产品。

(5) 跨平台和架构的中间件。当前开发大型应用软件通常采用基于架构和构件技术,在分布式系统中,还需要集成各节点上的不同系统平台上的构件或新老版本的构件,由此产生了架构中间件。典型架构中间件有 CORBA、JavaBeans、COM+等。

6.2.4 SOA 集成相关技术

在具体的项目中,SOA 系统构建没有完全统一的模式,系统的体系架构需要根据用户现状进行分析设计。但在层次和内容上,SOA 系统存在一些共性的特征。通常而言,SOA 系统的技术体系包含如下几个层次及内容,如图 6-4 所示。

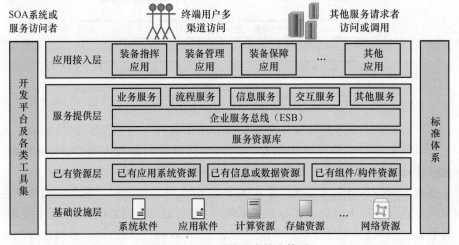

图 6-4 SOA 系统基本技术体系

1) 基础设施层

基础设施层作为整个 SOA 系统运行的基础平台,包括服务器、网络设备等硬件设施,以及操作系统、数据库系统等基础软件。

2) 已有资源层

已有资源层指用户当前所拥有的 IT 资源。其中"已有应用系统资源"和"已有信息或数据资源"是指用户当前运行的应用系统及数据系统中,若干适合抽取出来作为为上层系统提供服务支持的资源。"已有的组件/构件资源"既包括原先采用组件/构件系统的用户所拥有的组件/构件资源,例如,基于 COM/COM+、JavaBean/EJB 或者是 CORBA 开发的技术功能组件或业务功能组件,也包括已有的 Web Services 服务组件。"基础设施层"与"已有资源层"是服务的具体技术实现层,上层应用使用的服务最终都由这两层提供。

3) 服务提供层

本层主要职责是封装下面两层的资源,并以服务的形式展现出来,从而构建整体的应用系统。这是 SOA 系统最关键的一层,也是 SOA 系统设计最难的部分,难点在于服务的规划与设计。本层主要由服务、ESB 和服务资源库三部分组成。

服务包括与业务需求对齐的各类"业务服务"(与用户业务相关的、实现特定业务功能)、"流程服务"(与用户实际业务流程相关、包含人员与 IT 系统参与的一个处理过程)、"信息服务"(用于共享的各类数据和信息)、"交互服务"(为最终用户、其他 IT 系统或服务提供多渠道统一访问入口的服务)以及"其他服务"(包括实现安全规则、管理机制、质量策略等各类构建用户 IT 系统所需的服务)。

ESB 为服务之间的动态交互提供支持,具体功能包括:消息寻址路由(根据请求对服务的描述及服务在服务资源库中的注册信息,定位具体的服务)、消息验证(检验服务发送的消息是否满足格式要求)、消息格式转换(把消息从一种格式转成另外一种格式)和消息操作(包括增加或删除字符,或把消息中的特定字符进行转换的操作)等。ESB 包含了传统消息中间件的"消息代理"功能,但其增强了服务的动态路由和交换功能。通过把服务接入 ESB,由 ESB 负责服务消息的流通,用户就可以把注意力全部集中在服务的构建上。此外,由于消息的发送不再在服务间点对点地进行传送,消息原先的直接交换就变成了现在的间接交换,实现了松耦合。

服务资源库里储存的是已注册的服务的描述信息及相关服务元数据描述信息。已注册的服务可以分成两大类,一类是可以直接被使用的、实现具体功能的服务,另一类是在运行时才进行组装的服务。服务的描述信息记录了服务实现的功能、服务该如何调用、服务具体实体所在地以及服务在策略方面做出的规定等。

4) 应用接入层

用户在这一层里可以部署各种应用,各应用依靠下层提供的服务及服务的组合具体实现。

5) 标准体系

标准体系贯穿 SOA 系统从最底层到最上层全部四层结构,内容上由若干行业内公认的标准组成,是每层系统规划设计时建议采用的规范,为 SOA 系统的标准化实施确定了边界,同时便于实现 SOA 系统间的互操作。

6) 开发平台及各类工具集

用于对 SOA 系统进行规划设计、实施测试、运维管理的软件平台及工具集,涵盖系统各个层次,主要包括规划平台及工具、设计平台及工具、开发平台及工具、测试平台及工具、注册部署平台及工具和监控管理平台及工具等。

（1）规划平台及工具主要用于整个系统的分析与规划，包括项目管理、需求分析、版本控制以及文档管理等。

（2）设计平台及工具用于协助相关人员完成整个系统的设计工作，包括"业务建模"（模型化企业的业务）、"流程建模"（把业务整理成流程）、"服务组装"（按照一定规则组装流程形成服务或应用）、"服务建模"（模型化整理出来的服务用于服务生成）。

（3）开发平台及工具用于实施 SOA 系统的开发。

（4）测试平台及工具用于实施 SOA 系统的测试。

（5）注册部署平台及工具用于实施服务的注册发布与 SOA 系统的部署。

（6）监控管理平台及工具用于 SOA 系统整个生命周期的监控及管理，便于用户及早对意外情况做出反应。

6.2.5 微服务集成的主要技术

在微服务架构中，服务之间势必需要集成，微服务架构中服务之间的集成模式主要包括接口集成、数据集成、UI 集成和外部集成等四大类，如图 6-5 所示。

图 6-5 微服务集成的主要模式

各集成方式及其对应的实现技术有接口集成、数据集成、客户端集成和外部集成。

1）接口集成

接口集成是服务之间集成的最常见手段，通常基于业务逻辑的需要进行集成。远程过程调用 RPC 和表述性状态转移（Representational State Transfer，REST）、消息传递和服务总线都可以归为这种集成方式。RPC 架构是服务集成的最基本方式，其结构图包括微服务之间在分布式环境下交互时所需的各个基本功能组件，如图 6-6 所示。

RPC 架构有左右对称的两大部分构成，分别代表了一个远程过程调用的客户端和服务器端组件。客户端组件与职责包括负责编码和发送调用请求到服务方并等待结果、负责维持客户端和服务端连接通道和发送数据到服务端等；而服务端组

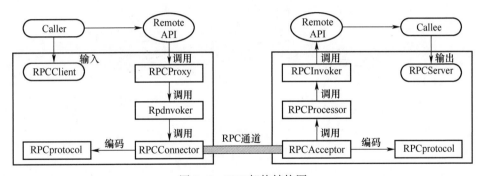

图 6-6 RPC 架构结构图

件与职责则包括负责接收客户方请求并返回请求结果和负责调用服务端接口的具体实现并返回结果等。对于客户端和服务器端而言,都需要负责网络传输协议的编码和解码。目前业界也存在很多优秀的 RPC 框架,如应用非常广泛的 Apache Dubbo 等。

2）数据集成

数据集成可以用于微服务之间的交互,一般可通过共享数据库或数据复制的方式实现数据集成。

如果共享数据库,数据的存储和表现形式不容易被修改和重构,因为有很多系统对这些数据持有访问权限。一旦对数据做出修改,就可能导致其中一个或多个系统不能正常运作。这就意味着对数据的修改需要协调各个应用系统,这显然会影响到系统的可扩展性。另外,这也会导致无法对系统功能进行快速迭代,而业务的快速迭代正是微服务架构所应具有的特性。

共享数据库显然不能满足微服务架构中的集成需求,在微服务架构中,更追求数据的独立性。但对于一些遗留系统而言,我们无法重新打造数据体系,此时数据复制就成为一种折中的集成方法。然而数据复制方法不可避免地存在数据一致性的问题。实现数据复制有两种基本策略,一种是批量操作,一种是事件。批量操作一般通过定时任务的方式在某一个时间点对一批符合复制要求的数据进行同步操作。在实现上,批量操作最好能够支持全量和增量操作,同时为每一批数据确定一个全局唯一的版本号。采用批量操作实现数据复制的结构图如图 6-7 所示,这里的数据仓库泛指包含关系型数据库在内的各种数据存储媒介。

而对于事件而言,需要将所产生的数据建模成一系列离散事件,借助消息传递系统达到数据同步的目的。相比批量操作,事件驱动的数据复制机制能达到较高的数据一致性要求。事件发送方相对简单,只需要将所产生的事件放入事件发布器即可,但对于事件的订阅者而言,可能存在多种表现形式。不管基于何种订阅者模式,在技术实现上都可以借助前面介绍的消息传递机制达到基于事件的数据复

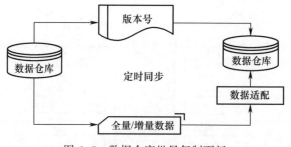

图 6-7 数据仓库批量复制更新

制效果。

3）客户端集成

由于微服务是一个能够独立运行的整体,有些微服务会包含一些 UI 界面,这也意味着微服务之间也可以通过 UI 界面进行集成。当微服务数量较多且客户端集成场景比较复杂时,通常就需要单独抽取一层作为客户端访问的统一入口,这一层在微服务架构里有个专门的叫法为 API 网关(Gateway)或服务网关。API 网关的主要作用是对后端的各个微服务进行整合,从而为不同的客户端提供定制化的内容。Backend for Frontend(BFF)服务器是对 API 网关更为形象的叫法,也就是专门为前端服务的后端服务器。图 6-8 所示为 BFF 服务器应用的示例,可以看到系统中存在移动后端、门户后端和管理后端三种 BFF 服务器组件,分别面向移动应用、门户网站和内部管理系统。

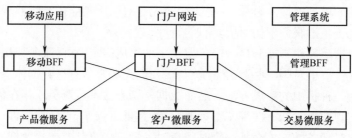

图 6-8 BFF 服务器应用示例

4）外部集成

现实中很多服务之间的集成需求来自与外部服务的依赖和整合,而在集成方式上也可以综合采用接口集成、数据集成和 UI 集成等实现外部集成。

随着服务化思想以及 SaaS 应用的日渐增多,与外部系统进行集成的方式也发生了很多变化。在服务集成领域,目前基于服务回调的集成方式应用非常广泛。回调作为消除循环依赖的一种有效方式,只需要提供回调入口即可完成与外部系统的集成。整个服务交互过程中,在服务访问入口添加防腐层是一项最佳实践。

防腐层介于新应用和遗留应用之间,用于确保新应用的设计不受老应用的限制。

如图 6-9 所示,子系统 A 通过防腐层调用子系统 B。子系统 A 与防腐层之间的通信始终使用子系统 A 的数据模型和体系结构,防腐层向子系统 B 发出的调用符合该子系统的数据模型或方法,而防腐层包含在两个系统之间转换所必需的所有逻辑。

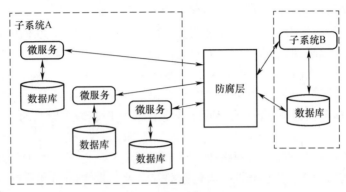

图 6-9 基于防腐层的系统集成

6.2.6 华为企业集成平台 ROMA

为打造数字世界的底座与内核,联合伙伴一起完成数字化转型,华为构建了最底层统一的数据集成平台 ROMA,它主要用于广泛的连接,收集各个厂商的系统数据,打通客户现网各个烟囱式的结构,达到所有数据共享并可调用的目的。ROMA 是一个全栈式的企业集成平台,聚焦应用和数据连接,适配多种企业常见的使用场景。ROMA 提供轻量化消息、数据、API、设备等集成能力,简化企业上云,支持云上云下、跨区域集成,帮助企业实现数字化转型。

1. ROMA 的基本组成

ROMA 主要包含四个组件:设备集成(LINK)、消息集成服务(Message Queue Service,MQS)、快速数据集成(Fast Data Integration,FDI)和服务集成(API Connect,APIC)等。

1) LINK

LINK 是一个设备集成服务,基于边缘框架和安全的数据通道,实现设备快速接入、数据采集等物联网应用。例如工业场景中,设备的信息和生产过程中的参数比较分散。生产线出现故障时,如果靠人工采集每一台设备的信息与参数,则定位问题的过程缓慢。LINK 能够连接设备和 IT 系统、大数据平台,将设备的运行状态等信息上传到 IT 系统或大数据平台中,实现所有设备的信息可视化,一旦生产线出现故障，企业能够快速定位问题。通过配置 LINK 的规则引擎，把设备参数的极限值输入到设备引擎里面，如果设备的实时参数一直在向极限值接近，就发出告警信息，提醒用户停止设备，对设备进行维护和保养。

2）MQS

MQS 是一款企业级消息中间件，基于 Kafka 实时数据处理平台，搭建了包括发布订阅、消息轨迹、资源统计、监控报警等功能的消息队列服务，为企业提供跨网络访问的安全、标准化消息通道。企业与合作伙伴使用的消息系统往往不一样，消息系统对接成本较高，而且难以保证对接之后消息传输的可靠性和安全性。为此，企业之间可以约定使用 Kafka 通信协议，MQS 可以作为消息中转站，提供安全、可靠的消息传输通道。企业创建多个主题，设置每个合作伙伴订阅主题的权限，然后将消息发布到多个主题中，合作伙伴通过订阅主题，实时获取主题内的消息。

3）FDI

FDI 实现了跨数据源、跨网络、跨云等的快速灵活、无侵入式的数据集成。FDI 支持文本、消息、API、结构和非结构化数据等多种数据源之间的灵活、快速、无侵入式的数据集成，可以实现跨机房、跨数据中心、跨云的数据集成方案，并能自助实施、运维、监控集成数据。FDI 内置多达 20 多种异构数据源，包括传统数据库（MySQL、Oracle、SQLServer 等）、大数据（HDFS、Hive、HBase 等）、消息队列（Kafka、MQS、AMQP 等）、网络传输协议（FTP、RESTful 等），以及物联网的 MQTT、COAP 协议连接的各种设备数据等。

4）APIC

服务集成 APIC 组件实现从 API 设计、开发、管理到发布的全生命周期管理和端到端集成。

2. ROMA 典型集成场景

企业信息系统集成，尤其是基于云的集成面临很多问题。

（1）跨网分布式集成困难。企业应用伴随业务发展，需要多区域混合云方式部署，传统企业集成方式，很难满足云上云下、云间跨网安全可靠集成的要求；应用上云后形成新的信息孤岛，与企业私有云应用集成困难。

（2）复杂的集成架构和依赖关系。企业业务复杂性决定了企业内部存在传统应用、云化应用、SaaS，以及多种数据源；传统的"点对点"集成，造成企业系统应用间复杂的集成和依赖关系，架构难以扩展且维护困难。

（3）信息技术（Information Technology，IT）和运营技术（Operation Technology，OT）的数字鸿沟。企业物联网数据存在于多厂商设备、IT 系统、封闭工业系统，以及多个物联网（Internet of Things，IoT）平台内，导致企业生产线和物联网设备产生的海量数据，无法高效进入信息系统和大数据平台，价值无法挖掘。

（4）开放和协同多云的能力。企业内外部业务创新以及多区域合作伙伴集成,需要对外开放企业内部能力,同时将外部创新云服务引入企业内部;需要企业集成平台提供跨网安全集成、服务编排和服务开放等能力。

ROMA聚焦应用和数据连接,提供轻量化消息、数据、API等集成能力,简化企业上云,支持云上云下、跨区域集成,打通IT与OT,连接企业与生态伙伴,帮助企业实现数字化转型。图6-10所示为基于ROMA的一站式混合云集成平台,构建企业上云方案。

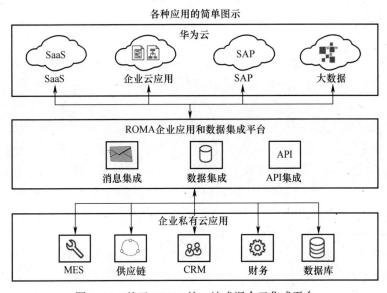

图6-10 基于ROMA的一站式混合云集成平台

(1) 该集成平台提供消息集成、API集成和数据集成能力,可云上云下分布部署,共同组成云上云下集成总线,支持断点续传,大幅简化企业应用集成架构和依赖关系。

(2) 企业可基于自身网络要求选择互联网、VPN、专线等组网方式,不需要修改企业现有网络拓扑,由ROMA实现集成通信收敛,实现云上云下跨网安全集成,降低被攻击风险。

(3) 基于可视化配置式,可将云下分散在各系统及数据库中的数据,与云上大数据服务对接,进行集中数据分析处理,降低数据处理复杂度与成本。

基于ROMA的集成在企业能力开放创新、企业数字化生态建设、智慧园区集成等都有成功应用。融合集成平台ROMA源自华为十多年的数字化转型实践,其提供的轻量化应用、消息、数据等集成能力,为政企等多领域的数字化转型提供了新的理念和成熟的技术方法。

6.3 装备保障信息系统集成

20世纪80年代以来,随着信息技术的发展及其在军事领域的广泛应用,在军队信息化建设的大背景下,我军各单位和部门投入大量的财力、人力,相继研制和开发了一大批具有一定功能,服务于不同层次的信息系统。这些系统为规范我军的各项业务流程和提高工作效率发挥了重要作用,对当前的武器装备信息化建设也起到了积极作用。

然而,在早期武器装备信息系统的建设中,由于缺乏信息化经验、缺乏统一的管理和整体规划,各业务单位或部门都按各自的习惯及需要确定功能和数据需求,出现了一些不同平台、不同技术环境、采用不同解决方案开发的专用业务信息系统,这些系统彼此分离、孤立,甚至互相排斥,且多数系统以纵向树型结构为主要应用模式,系统之间往往缺乏横向联系和沟通。各信息系统之间很难进行数据的共享和交换,系统互联、互通能力较差,使这些系统逐步形成了孤立的"信息孤岛"。

此外,更为常见的是,每套应用系统有自己的界面风格,有各自的用户、登录方式及其功能权限管理方式,有不同的业务处理功能和流程,当然,在系统后台,也往往采用不同的数据库和不同的技术平台等。

因此,要充分基于信息系统提高装备保障能力,需要有效的系统集成,使全军范围内的装备保障信息系统能够互联互通,形成一体化的保障体系。

6.3.1 装备保障信息系统集成需求

通过信息系统集成,需满足如下基本要求。

(1) 统一网络建设。对网络产品、网络技术和应用集成,构建统一的装备保障信息网络。

(2) 统一门户。建立一个统一的门户,统一身份认证和权限管理,用户只有一套用户账号,进行一次登录后,可方便地访问多个应用系统,用户在门户上就可以方便地按角色权限使用各个应用系统当中相关的功能。

(3) 统一业务功能与流程管理。对于跨应用系统的业务功能与流程,在原有应用系统中进行分离、抽取,在ESB上进行整合与统一管理。使有业务关联的应用系统不再独立,而是联结成一个完整的业务处理中心,真正体现应用集成的价值。

(4) 统一数据集成访问和质量控制。对异构数据进行集成,并为用户和其他应用提供统一的访问接口,平台的对外接口与具体的集成数据模型无关。集成平台必须具备数据质量控制能力,能够保证用户获得的数据具有一定的数据完整性、约束完整性和一致性,并消除数据内的语义冲突。

(5) 统一技术平台。通过对不同技术平台的评估与选择,确定适合自身需求的技术平台。后续建设应用系统都按照这个统一的技术平台来进行建设,在技术层面上达到一体化技术平台。

6.3.2 装备保障信息网络的集成

装备保障信息网络的集成包括网络软/硬件产品集成、网络技术集成和网络应用集成三个层面。

1) 网络软/硬件产品的集成

网络软/硬件产品包括网络传输介质(电缆、光缆)、数据交换和路由设备(交换机、路由器、收发器)、服务器和存储系统等。

按照OSI标准,采用分工合作的原则,网络产品制造商可分为传输介质制造商、网络通信互联设备制造商(Cisco、华为、锐捷、H3C等)、服务器制造商(IBM、HP、DELL、浪潮、曙光、华为、联想等)和系统软件商(微软、IBM等)。

在这种组合中,网络工程设计与系统集成要考虑的首要问题就是不同品牌产品的兼容性或互换性,力求在将这些产品集成为一个整体时,能够产生的"合力"最大、"内耗"最小,且力求国产化。

2) 网络技术的集成

网络系统集成是一种产品与技术的融合,是一种面向用户需求的增值服务,是一种在特定环境制约下集成商和用户寻求利益最大化的过程。网络技术集成要求熟悉各种网络技术的人员,能够从用户网络建设的需求出发,遵照网络技术集成的理论方法,为用户提供"量体裁衣"的整体解决方案。

3) 网络应用的集成

网络应用系统是指在网络基础应用平台上,应用软件开发商或网络系统集成商为用户开发或用户自行开发的通用或专用应用系统。

通用系统包括域名系统(DNS)、WWW、E-mail、FTP、VOD(video on demand,视频点播)、杀毒软件(网络版)、网络管理与故障诊断系统等。这些网络基本应用系统可根据用户的需求、提供的财力及应用系统的负载情况,将两种应用集成在一台服务器上(如DNS和E-mail),以节约成本;或采用服务器集群技术将一种应用分布在两台(或多台)服务器上,以实现负载均衡;或采用虚拟化技术将多种应用集成在一台高性能服务器上,以实现资源集中管理和节约用电等。专用系统一般具有鲜明的业务特征,根据其不同应用及其运维需求部署在不同服务器上。

6.3.3 装备保障信息系统集成平台设计

6.3.3.1 系统集成平台设计原则

装备保障信息系统集成平台的设计遵循如下原则。

(1)安全性。使用系统平台的相关安全设置以及应用系统的安全性,实现整个系统的安全性。确保系统不被非授权用户侵入,数据不丢失,传输网数据不被非法获取、篡改,确认对使用者、发送和接收者的身份等。

(2)准确性。通过周密的系统调研和分析,确保对业务要求的正确理解;通过规范的项目管理和严密的系统测试,保证系统业务处理的准确性。

(3)可靠性。采用多种高可靠、高可用性技术以便系统能够保证高可靠性,尤其是保证关键业务的连续不间断运作和对非正常情况的可靠处理。

(4)可扩展性。采用多层体系结构,保证组件的重用,并便于采用最新技术,长期保持系统的先进性。

(5)开放性。全面支持 XML、SOAP、Web Service、LDAP 等当前受到普遍支持的开放标准,便于系统与其他相关应用系统、数据库等进行整合。

(6)实用性。系统应具有一致的、友好的用户界面,易于使用和推广,并具有实际可操作性,使用户能够快速地掌握系统的使用。在设计中充分利用多种管理手段,保证系统易用易维护。在系统的设计和实施过程中,为用户提供个性化的服务,使用户能够根据自己的业务指求和喜好定制工作平台的内容,减少使用的复杂程度,提高使用效率。

(7)集成性。系统选择的软硬件平台和技术必须是经受市场长期考验的优秀技术和优秀产品,系统的设计将充分考虑到现有的技术投资及未来业务发展的功能主要求,利用多种集成技术,既能保护现有投资,又能够适应未来的功能和技术要求。

6.3.3.2 系统逻辑架构设计

装备保障现有遗留业务系统的功能被固化在各自孤立的烟囱式应用系统中,大多数对外服务接口与应用实现技术相关,存在很多私有化接口 API,要实现各系统业务的集成,必须将遗留系统的业务功能进行转换,以标准化的、可共享、可重用的业务服务的形式对外暴露,如图 6-11 所示。

基于 SOA 的装备保障信息系统集成架构将实现应用程序连接、用户界面集成、流程集成和信息集成等，从而使各应用系统灵活交互，避免信息孤岛的出现，其逻辑架构主要包括表示层、业务编排层、服务总线层、组件层和系统层，如图6-12所示。

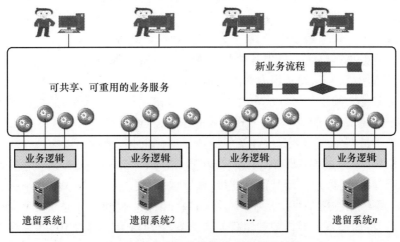

图6-11 装备保障遗留信息系统的转换

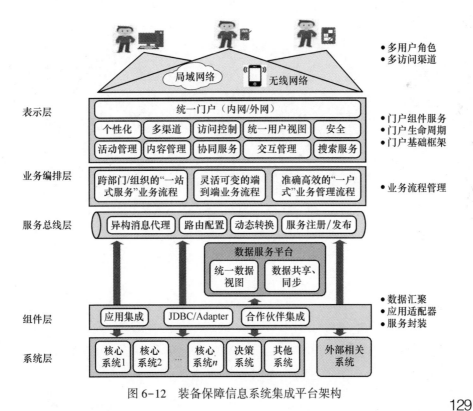

图6-12 装备保障信息系统集成平台架构

129

（1）最前端是表示层，也称门户系统的展现层，提供个性化的接入，基于不同角色，展现不同工作界面。一般采用 Portal 技术建立信息门户，主要提供两类服务，一类是基本的 Portal 服务，如个性化服务、信息发布服务、工作流服务、协同服务、文档管理服务等；另一类是对外部系统和数据整合后形成的服务，如短信服务、电子邮件、网络存储等服务。Portal 产品提供了多种的整合方法，有很多开销即用的页面部件可以快速地使用，人员个人日程，RSS 订阅等。

（2）业务编排层主要集中各种业务规则和逻辑规则，将服务层提供的服务编排成业务应用流程，从而实现内部流程重组的需要。

（3）服务总线层是服务层中公共服务组件和业务服务组件的"集成器"，它能使各类服务组件以"插拔式"的方式加入或删除，从而满足不同业务的应用。

（4）组件层主要向上提供涉及各种业务应用的接入组件，以实现系统中不同的功能模块，并通过 Web Service 接口被包装成 Web Service 发布到在组件层之上的服务层，同时组件层预留其他类型接口供系统调用。

（5）系统层主要提供满足业务系统的基础架构。各个应用系统之间是相互独立的，他们将通过系统架构中的组件层接入整个 SOA 信息系统中，在系统层通过面向对象技术完成组件层与数据库的交互。

第7章
装备保障信息系统运维技术

信息系统在开发完成并投入实际运行后,为提高系统的适应性、可靠性和完善系统功能,保障系统持续正常应用,必须在系统运行过程中对系统进行维护。系统运维在信息系统生命周期中有着举足轻重的作用,它是系统生命周期中耗费最多、延续时间最长的活动,运维不当将造成很多信息系统提早结束其生命周期,造成资源的极大浪费。

本章首先对系统运维进行简要概述,然后介绍系统运维的参考标准体系,再介绍系统运维的关键技术,最后提出装备保障信息系统的运维体系建设方案。

7.1 系统运维概述

7.1.1 系统运维的概念

信息系统建设周期长、投资大、风险大、技术手段复杂、环境复杂多变。信息系统在使用过程中,随着其生存环境的变化,要不断维护、修改,当它不再适应的时候就要被淘汰,由新系统代替老系统,这种周期循环称为信息系统的生命周期。信息系统的生命周期可以分为四个阶段:立项、开发、运维和消亡。

(1) 立项阶段:根据用户单位业务发展和管理的需要,提出建设信息系统的初步构想,在深入调研和分析信息系统需求后形成《需求规范说明书》,并经审批立项。

(2) 开发阶段:开发阶段主要分为系统规划、系统分析、系统设计、系统实施和系统验收阶段,通过详细的规划、逻辑设计、物理设计、开发建设和验收,向用户单位提供一个实际可运行的信息系统。

(3) 运维阶段:信息系统通过验收,正式移交给用户以后,就进入运维阶段,系统长时间的有效运行是检验系统质量的试金石。要保障系统正常运行,系统维护是不可缺少的工作。

（4）消亡阶段：随着单位管理、信息技术发展等环境变化，信息系统将不可避免地会遇到系统更新改造、功能扩展，甚至报废重建等情况，需要被新系统替代。

系统运维，是指新建或升级改造类信息系统项目实施完成后的系统在完成其试运行周期后，正式进入实际环境交付运行后的运行管理和维护工作。而系统运维管理，是指单位信息部门采用相关的方法、手段、技术、制度、流程和文档等，对信息系统软硬运行环境、业务系统和系统运维人员进行的综合管理。

系统运维管理工作的总体目标是通过信息系统的持续运维，促进信息系统高效、稳定、安全地可持续性发展。高效就是提升运维效率，降低人为失误。稳定就是最大限度地保障系统的稳定性和运行质量。即使出现问题，也能够快速发现、快速响应、快速（自动）恢复。

7.1.2 系统运维的发展

系统运维与信息技术的发展是相辅相成的，随着新技术、新产品、新平台不断涌现，也给系统运维也带来不断地变化与挑战。按人工干预程度维度来分，从最初级运维发展到现在智能化运维，可以划分为五个阶段，如图7-1所示。

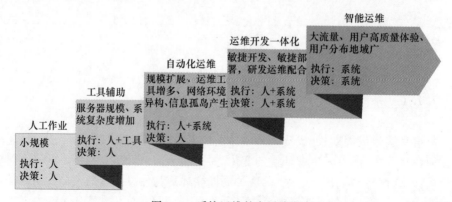

图7-1 系统运维的发展阶段

1）人工作业阶段

初期的IT系统业务流量不大，服务器数量相对较少，系统复杂度不高。系统运行过程中遇到问题，基本靠人工操作完成，或尝试用SSH脚本等方式进行系统维护。

2）工具辅助阶段

随着服务器规模、系统复杂度的增加，人工操作或脚本辅助的方式已经不能满足业务的快速发展需要。因此，运维人员使用各厂商推出一些管理工具，利用工具来实现批量化的运维，减少了人力成本，降低了操作风险，提高了运维效率。

3) 自动化运维阶段

随着信息技术和应用的发展,运维工具逐步增多,并出现了网络环境异构、信息孤岛产生等情况,对系统运维的诉求也越来越高。因此,需要一套统一的运维平台将工具进行整合以提高运维的自动化程度,自动化运维的本质依然是人与自动化工具相结合的运维模式,受限于人类自身的生理极限以及认识的局限,无法持续地面向大规模、高复杂性的系统提供高质量的运维服务。

4) 运维开发一体化阶段(Development and Operations,DevOps)

传统运维体系中系统的开发和运维涉及两个对立的团队——产品开发人员和运维人员,两个团队目的任务不同,因此也不可避免地有问题冲突:一方面,开发人员的目标是尽快地实现系统的新功能并部署给用户尽快使用,而运维人员则希望尽可能少地产生异常和故障;另一方面,配置变更或软件升级导致系统运行异常或故障,而由于运维人员不了解产品的实现细节,因此他们在发现问题后不能很好地定位故障的根本原因。针对这些矛盾问题,DevOps 应运而生,DevOps 最核心的概念是开发运维一体化,开发人员自己在代码中设置监控点,产生监控数据。系统部署和运行过程中发生的异常由开发人员进行定位和分析。这种方式不仅能够产生更加有效的监控数据,方便后期运维,同时由于运维人员也是开发人员,出现问题之后能够快速地找出根因。

5) 智能运维阶段(Artificial Intelligence for IT Operations,AIOps)

自动化运维提高了运维效率,DevOps 有效促进了研发和运维团队的配合。为了满足大流量、用户高质量体验和用户分布地域广的互联网应用场景,亟须通过机器学习等人工智能算法自动地从海量运维数据中学习并总结规则,优化改进当前工作方法,做出有效运维决策,以提高系统的预判能力和稳定性,降低 IT 成本。智能运维目前尚处于初级阶段,其终极目标是无人值守,系统具备故障自愈、无人值守变更、自动扩缩容、自动防御等能力。

7.1.3 系统运维工作的主要内容

系统运维工作的内容主要包括四部分。

1. 基础设施运维

信息系统的基础设施泛指维持信息系统正常运行所需的基础硬件、软件资产,主要包括以下几种。

(1) 机房设施,包括机房供配电系统、机房 UPS 系统、机房空调系统、机房弱电系统、消防系统等在内,维持机房安全正常运转,确保机房环境满足信息设备运行要求的各类设施。

(2) 网络设施,保证信息系统内部、信息系统与外部连接的网络及网络设备,包括联网所需的交换机、路由器、防火墙、入侵检测设备、负载均衡设备等网络设备和局域网内连接网络设备的网线、传输、光纤线路等。

（3）信息设备，主要包括服务器设备、安全设备、存储设备和各种终端设备等。

（4）基础软件，指运行于计算机主机之上的操作系统、数据库软件、中间件等公共软件。

2. 应用系统运维

应用软件指运行于计算机系统之上，直接提供服务或业务的专用软件，应用系统运维以系统整体可用和为业务提供可靠服务为目的，主要指业务系统投入应用后，为改正软件中隐含的错误，或为提高应用系统软件的适应性、可靠性和完善应用系统功能而进行的相关工作。

3. 信息资源运维

信息资源运维以深化信息资源共享利用为目的，包括信息资源获取、处理、存储、传输和共享使用等。信息资源运维的主要工作是建立数据运行与维护的各项管理制度，规范运行与维护业务流程，有效开展运行监控与维护、故障诊断排除、数据备份与恢复、归档与检索等，保障数据库正常运行，使信息系统可持续稳定运行。

4. 系统安全运维

信息系统安全运维指在特定的周期内，通过技术设施安全评估、技术设施安全加固、安全漏洞补丁通告、安全事件应急响应以及信息安全运维咨询，协助组织的系统管理人员进行信息系统的日常安全运维工作，以发现并修复信息系统中所存在的安全隐患，降低安全隐患被非法利用的可能性，并在安全隐患被利用后及时加以响应。

7.2 系统运维参考标准体系

自20世纪80年代以来，有关于IT服务的各种标准接踵而至，其中有国际标准，也有成为事实标准的最佳实践或方法论。目前国际上使用最多的是信息技术基础架构库(Information Technology Infrastructure Library, ITIL)和信息技术服务管理体系标准 ISO/IEC20000，而信息技术服务标准(Information Technology Service Standards, ITSS)是在中国工业和信息化部、国家标准化委员会的领导和支持下，由ITSS工作组研制的一套IT服务领域的标准库和提供IT服务的方法论。

7.2.1 ITIL

ITIL是全球公认的一系列IT服务管理的最佳实践，最早于20世纪80年代，作为英国政府IT部门的最佳实践指南,由英国商务部OGC发布并维护,问世后不久便被推广到英国的私营企业中,然后传遍欧洲和美国。

ITIL不是一套标准,而是供组织内部进行IT服务管理的参考经验,是指导如何在运维管理中定义人员、流程、服务活动及其之间关系的指导框架。ITIL的框架包括业务管理、服务管理、IT基础架构管理、安全管理、应用管理等,最核心的是服务管理中的服务支持和服务提供。一般来说,IT服务供应商更多关注服务提供,而客户的IT主管部门则更关心服务支持。

服务支持主要包括服务台、故障管理、问题管理、配置管理、变更管理和发布管理六个模块。

1)服务台

服务台的主要任务是登记报障记录、指挥维护人员执行维护流程、监督维护过程,以及综合协调解决维护出现的各种突发问题。

2)故障管理

故障管理的主要任务是解决设备或者系统故障,并尽快恢复使之正常运行。

3)问题管理

故障管理与问题管理的区别在于,故障管理是要尽快恢复系统使之正常提供服务,而问题管理是要主动预防故障的发生,也就是人们常说的预防性维护。实际上,可以通过两种途径启动问题管理流程,一种是通过故障统计分析,发现常见故障,然后归结为"问题",启动问题管理流程,另一种是通过建立系统巡检制度,主动发现"问题",在尚未形成"故障"时解决"问题"。

4)配置管理

配置管理主要是收集和存储单位内部的所有软、硬件设备的各种信息,供其他流程使用。这些配置管理信息包括设备编码、类别、品牌、型号、配置、单位、放置位置、使用人、管理人、联系电话、供应商、保修期限、供应商维修电话等。这些信息存放到配置管理数据库(Configure Management Database,CMDB)。

5)变更管理

如果要对单位内部的设备、系统进行增、删、改等操作时,需要进行审批和控制,这就是变更管理。通过变更管理,能够对变更进行影响评估,确保变更对正在运行的系统产生最小的负面影响,同时通过变更审批流程进行沟通和协调,确保有关人员都知道这个变更以及所带来的影响,保证变更具有可追溯性。变更管理与配置管理、问题管理密切关联,应互相协调。

6)发布管理

发布管理的主要任务是确保首次进入一个单位的软、硬件设备运用到本单位的系统中获得成功。发布管理与配置管理和变更管理密切相关,变更的实施,很多时候是通过发布管理活动进行的。

7.2.2 ISO/IEC 20000

ISO 20000 源自以 ITIL 为基础的 IT 服务管理英国国家标准 BS15000，由国际标准化组织(ISO)和国际电工委员会(IEC)于 2005 年 12 月共同发布，是 IT 运维（服务）管理领域第一个被全球广泛认可的国际标准体系，也是认证 IT 服务管理和运营能力的国际通用标准，适用于提供 IT 服务的各类型组织。

ISO/IEC 20000 建立在 ITIL 最佳实践的基础上，是面向机构的 IT 服务管理标准，主要是为了给企业提供建立、实施、运作、监控、评审、维护和改进 IT 服务管理体系的模型。通过 ISO/IEC 20000 认证，表明该企业已经建立 IT 运维（服务）管理体系，能够系统化地为业务提供高质量的 IT 服务。

现行 ISO 20000 国际标准分为两部分。

（1）2005 IT 服务管理第 1 部分服务管理规范（ISO 20000-1），定义了服务管理的 13 个流程，是建立、实施、保持 IT 服务管理及进行认证的基础。

（2）2005 IT 服务管理第 2 部分服务管理实践（ISO 20000-2），是 IT 服务管理流程的实践指南，它们给组织提供了一套综合方法，以加强"怎样提高服务质量"的理解，并为实施服务改进和通过 ISO 20000 审核提供指导。

7.2.3 国家信息技术服务标准 ITSS

ITSS 是在工业和信息化部、国家标准化委员会的领导和支持下，由 ITSS 工作组研制的一套 IT 服务领域的标准库和一套提供 IT 服务的方法论，内容包括 IT 服务的规划设计、信息系统建设、运行维护、服务管理、治理及运营等，适用于规范、改进和提升 IT 服务队业务的支撑。该标准库从建设、运维、运营及服务管理等方面，为信息化对各行业的支撑提出标准化要求。

ITSS 的核心要素有人员（People）、流程（Process）、技术（Technology）和资源（Resource），简称 PPTR。

（1）人员指提供 IT 服务所需的人员及其知识、经验和技能要求。

（2）过程指提供 IT 服务时，合理利用必要的资源，将输入转化为输出的一组相互关联和结构化的活动。

（3）技术指交付满足质量要求的 IT 服务应使用的技术或应具备的技术能力。

（4）资源指提供 IT 服务所依存和产生的有形及无形资产。

IT 服务的生命周期包括规划设计（Planning & Design）、部署实施（Implementing）、服务运营（Operation）、持续改进（Improvement）和监督管理（Supervision）五个阶段，简称 PIOIS。

ITSS实施的核心是采用PDCA(计划—执行—检查—改进)方法论实施过程管控,根据ITSS标准的各项要求,对人员、过程、技术和资源四个关键要素进行全面整合,并与IT服务全生命周期的规范化管理相结合,从规划设计、部署实施、服务运营和持续改进四个阶段循环实施的过程,形成一个闭环,如图7-2所示。

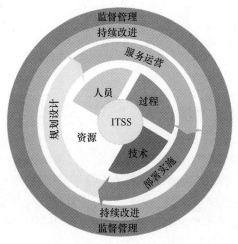

图7-2 ITSS原理

7.2.4 ISO/IEC 20000、ITIL和ITSS的对比分析

目前ITSS、ITIL和ISO/IEC 20000已成为主流的IT服务及IT管理理论,表7-1对其进行综合对比分析。

表7-1 ITSS/ITIL/ISO/IEC 20000的对比综合分析

对比项目	ITIL	ISO/IEC 20000	ITSS
发行方及时间	OGO,2007年	ISO/IEC,2005年	工业和信息化部,2010年
认证性质	可用于企业和个人认证	可用于个人认证	可用于企业和个人认证
目标定位	提供一种通用的方法论,以便在全球范围推广IT服务管理的最佳实践	配合ITIL方法论,对组织的IT服务管理水平进行认证	用于指导国内IT服务全产业链的发展
范围内容	覆盖IT服务业的全生命周期	主要针对IT服务的交付和支持,强调运行维护阶段的内容	覆盖IT服务业的全生命周期

续表

对比项目	ITIL	ISO/IEC 20000	ITSS
实施办法	理念导入、现状评估、流程设计、工具实施、系统上线、持续改进	理念导入、现状评估、流程设计、工具实施、系统上线、持续改进	综合人员、流程、技术及资源等方面,分为需求分析,规划设计,部署实施,持续改进四个阶段
适用对象	提供IT服务的供应商、甲方IT部门内的规划和运维组织	提供IT服务的供应商、甲方IT部门内运维组织	提供IT服务的供应商、甲方IT部门

7.3 系统运维关键技术

近些年来,软件领域发生了翻天覆地的变化。从操作系统、数据库等底层基础架构,到分布式系统、大数据、云计算、机器学习等基础领域,从单体应用、MVC、服务化,到微服务化等应用开发模式,运维技术,特别是大规模复杂分布式系统的运维变得越来越重要,运维体系也逐步丰富。DevOps将研发、测试、运维等流程连接起来,而容器技术更是从底层重构了运维,连接了开发、测试、部署、运行和监控全流程,进一步推动了运维体系从工具化逐步往平台化、自动化和智能化方向迁移。本节介绍自动化运维、DevOps、AIOps涉及的关键技术和工具。

7.3.1 自动化运维关键技术

7.3.1.1 自动化运维监控技术

监控是系统运维中保障核心业务稳定可用的重要环节,它涵盖网络、主机、业务、应用、性能等方面,涉及快速的故障通知、精准的故障定位和性能分析诊断等。监控的目标是对系统不间断实时监控,实时反馈系统的当前状态,保证系统、服务、业务持续稳定运行。

监控的核心在于发现问题、定位问题、解决问题和总结问题。首先通过系统故障报警发现故障,然后根据故障相关信息定位分析故障具体原因,再根据故障原因通过故障解决的优先级去解决该故障,最后需要对故障原因以及防范进行总结归纳,避免以后重复出现。

目前,比较流行并且在业界广泛应用的开源监控软件有 Nagios、Cacti、Zabbix、Ganglia 等。其中 Zabbix 是一个分布式监控系统,支持多种采集方式和采集客户端,有专用的 Agent 代理,也支持 SNMP、IPMI、JMX、Telnet、SSH 等多种协议,它将采集到的数据存放到数据库,然后对其进行分析整理,达到条件触发告警。Zabbix由于其丰富的功能,简单易用的特点,可扩展和二次开发的能力,使之成为最受欢迎的运维监控软件。

Zabbix 的监控流程如下。

(1) 数据采集——Zabbix 通过 SNMP、Agent、ICMP、SSH、IPMI 等对系统进行数据采集。

(2) 数据存储——Zabbix 存储在 MySQL 上,也可以存储在其他数据库。

(3) 数据分析——当事后需要复盘分析故障时,Zabbix 能提供图形以及时间等相关信息,方便确定故障所在。

(4) 数据展示——Web 界面的展示。

(5) 监控报警——电话报警、邮件报警、微信报警、短信报警、报警升级机制等。

(6) 报警处理——当接收到报警时,需要根据故障的级别进行处理,如重要紧急、重要不紧急等;根据故障的级别,配合相关的人员进行快速处理。

7.3.1.2 自动化运维管理工具和平台

随着虚拟化和容器化等技术的出现,运维管理的复杂度和难度大大增加,因此必须通过专业化、标准化和流程化的手段来实现运维的自动化。

自动化工具是基于确定逻辑的运维工具,对技术系统实施诸如运行控制、监控、重启、回滚、版本变更、流量控制等系列操作,是对技术系统实施运维的手段,用以维护技术系统的安全、稳定、可靠运行,如 Puppet、Chef、Ansible、Saltstack 等都是可提升效率的自动化工具。

自动化工具按照功能可分为监控报警类和运维操作类两类。监控报警类自动化工具是对各类 IT 资源(包括服务器、数据库、中间件、存储备份、网络、安全、机房、业务应用、操作系统、虚拟化等)进行实时监控,对异常情况进行报警,并能对故障根源告警进行归并处理,以解决特殊情况下告警泛滥的问题,例如机房断网造成的批量服务器报警。运维操作自动化工具主要是把运维一系列的手工执行的烦琐工作,按照日常正确的维护流程分步编写成脚本,然后由自动化运维工具按流程编排成作业自动化执行,如运行控制、备份、重启、版本变更与回滚、流量控制等。

随着运维规模的扩大,运维工具也大幅增加,此时运维工具本身的管理也成为必须面对的问题,需要统一集中的运维平台,对部署、配置、监控、告警等进行一站式处理,实现资源和流程的标准化统一化、应用运行状态的可视化管理,以提升运维质量,降低运维成本。平台能力主要体现在:①平台具备广泛的兼容性,可管理全面的 IT 设备和系统;②具备与现有运维工具集成的能力;③可灵活扩展到更多运维场景,而不增加平台维护成本;④平台具备向数据化、智能化演进的可能性,满足长期建设要求。

7.3.1.3 CMDB

构建 CMDB 也是一个重新审视和剖析现有 IT 系统与数据的过程,它与系统运维管理中的"监、管、控"三者都有深入的关联。

1. 与流程管理的关系

(1) 任何的配置变更可形成工单传递到运维人员,如对磁盘空间扩容的申请可自动流转到对应的设备维护部门进行影响确认。

(2) 事件管理、问题管理、变更管理和发布管理等流程管理均从 CMDB 提取运维数据,以统一来源,保证准确性唯一性。

(3) 流程管理变更,如变更管理触发了配置变更,平台将自动更新系统基线以及记录变更日志,从而减少维护工作量和人为误操作可能性。

2. 与监控的关系

(1) 根据 CMDB 的各项配置项,可灵活设置不同的监控策略和阈值,从而形成更加准确的关联告警、输出故障影响等。

(2) 监控平台通过数据接口从 CMDB 获取各类配置信息。

(3) 监控数据发生变更时,自动通知 CMDB 进行状态变更。

3. 与运维控制的关系

(1) 任何合规的运维操作,都应该首先根据 CMDB 中的配置信息进行读取和分析,并在维护完成后进行数据回写更新。

(2) CMDB 向自动化运维平台提供运维支撑数据。

(3) 可以利用各种自动化运维工具为 CMDB 提供数据自动采集、识别和更新。

7.3.2 DevOps 运维一体化技术

DevOps 是一组过程、方法与系统的统称,用于促进开发(应用程序/软件工程)、技术运营和质量保障(Quality Assurance,QA)部门之间的沟通、协作与整合。

DevOps 是敏捷研发中持续构建(Continuous Build,CB)、持续集成(Continuous Integration,CI)、持续交付(Continuous Delivery,CD)的自然延伸,从计划、编码、构建、测试、发布、部署,以及运营、监控打通,把敏捷开发部门和运维部门之间的围墙打通,形成闭环,如图 7-3 所示。DevOps 适合软件即服务(SaaS)或平台即服务(PaaS)这样的应用领域。

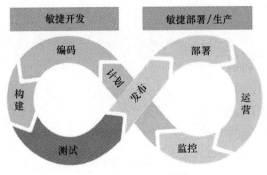

图 7-3 DevOps 闭环

7.3.2.1 DevOps 主要过程

DevOps 主要分为以下几个过程,如图 7-4 所示。

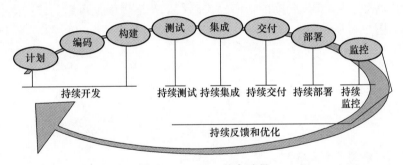

图 7-4 DevOps 基本过程

1) 持续开发

持续开发包括计划、编码和构建三个阶段。DevOps 生命周期中的软件开发与瀑布模型不同,软件可交付成果被分解为短开发周期的多个任务节点,在很短的时间内开发并交付。

2) 持续测试

在这个阶段,开发的软件将被持续地测试 bug。

3) 持续集成

在源代码变更后自动检测、拉取、构建并进行单元测试的开发过程,持续集成的核心在于确保新增的代码能够与原先代码正确地集成,并且适合在代码库中进一步使用。持续集成的流程如图 7-5 所示。

持续集成带来的好处是易于定位错误、易于控制开发流程、易于代码检测并减少不必要的工作。

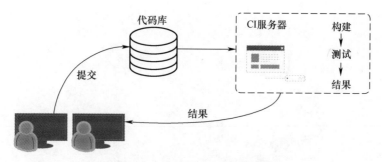

图 7-5　持续集成流程示意图

4）持续交付

持续交付是持续集成的延伸，将集成后的代码部署到类生产环境，确保可以以可持续的方式快速向客户发布新的更改。如果代码没有问题，可以继续手工部署到生产环境中。与持续集成相比较，持续交付添加了测试—模拟—生产的流程，为新增代码增加了一个保证，确保新增的代码在生产环境中是可用的。持续交付的流程图如图 7-6 所示。

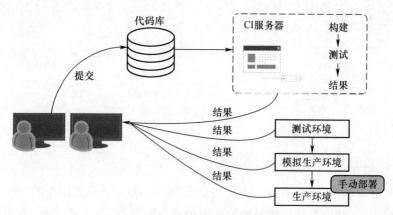

图 7-6　持续交付流程示意图

5）持续部署

持续部署是通过自动化部署的手段将软件功能频繁地进行交付。开发人员提交代码到编译、测试、部署的全流程不需要人工干预，完全通过自动化的方式执行。这一策略加快了代码提交到功能上线的速度，保证新的功能能够第一时间部署到生产环境并被使用。持续部署的流程图如图 7-7 所示。

持续部署带来的好处是发布频率更快，每一处提交都会自动触发发布流、在小批量发布的时候，风险降低了，发现问题可以很轻松地修复，客户每天都可以看到持续改进和提升，而不是每个月或者每季度，或者每年。

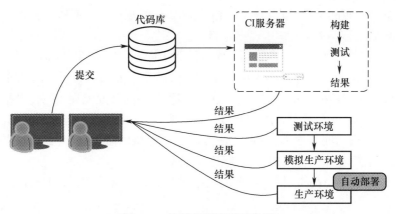

图 7-7 持续部署流程示意图

自动实时的部署上线,是最优的解决办法,但持续部署的要求是团队非常成熟,并且上线前是需要经过 QA 测试,所以实际情况下很难实现,一般的团队也很难接受,挑战和风险都很大。

6) 持续监控

通过专业的监控软件,按事先设置的监控策略,监控业务应用及系统平台的运行情况,形成监控报告和监控展示。

7) 持续反馈和优化

基于监控的结果作数据分析,提供建议方案,并基于反馈的意见,启动新的改进计划流程。

7.3.2.2 DevOps 主要工具

DevOps 打通了用户、项目管理、需求、设计、开发、测试、运维等不同部门和角色,也打通了业务、架构、代码、测试、部署、监控、安全、性能等各领域,常见的免费和开源的工具如下。

1) 需求管理工具

需求是软件的"源头",对需求的管理、跟踪,也是对软件项目的管理。典型的工具包括 JIRA 和 Kanboard。

JIRA 是澳大利亚 Atlanssian 公司的产品,支持任务管理、计划管理、图标报告;看板工具 Kanboard 将故事卡片进行可视化,使用不同颜色区分不同类型的故事卡,将日常工作可视化,支持拖拽,引入了在制品概念,提供在制品(Work in Process, WIP)列,通过设定 WIP 上限数量,暴露问题,解决问题,从而提升交付速率和质量。

2）版本控制工具

版本是发布的基石，所有与发布相关的内容都需要版本管理。版本管理的工具主要有 Git、Subversion 和 Mercurial 等。

Git 是开源的分布式版本管理系统，基于数据设计存储，基于 Web 的 Git 仓库服务，是一个中央协作平台，当前托管了大量项目。github(https://github.com/)和码云(https://gitee.com/)都是基于 Git 仓库的 Web 开发流程代码托管平台。两者的区别是 github 有私有仓库和共有仓库，超过五人使用的私有仓库收费，其服务器在国外，国内访问速度不佳；码云是国内公司提供的版本管理服务，支持 Git 和 SVN，提供免费的私有仓库托管，访问速度很快。

Subversion 是 Apache 许可证下的集中式开源版本管理工具，包含了 CVS 所有的功能。

Mercurial 是跨平台的分布式版本管理系统，支持 Windows、Unix、Linux 等，使用 Python 语言开发。

3）编译工具

编译主要用 Ant、Maven、Gradle、MSBuild 等工具来构建/打包代码到可执行文件中，这些文件可以转发给自动化测试系统进行测试。

Ant 可实现软件编译过程自动化，最早用于 2000 年的 Apache Tomcat 项目开发。Ant 使用 Java 语言开发，无法简便地支持频繁修改依赖关系的项目。

Maven 意思是知识的累加器，最早用于 Java 项目的自动化构建，功能单一。

Gradle 是 AndroidStudio 内置的封装部署工具，它克服了 Ant 和 Maven 的缺点。

MS Build 是 .NET 框架下的构建工具，Visual Studio 依赖 MS Build。使用 Visual Studio IDE 生成项目，MS Build 的项目文件会自动生成。

4）持续集成工具

持续集成的典型工具是 Jenkins 和 Bamboo。

Jenkins 是一个非常流行的用于持续集成的工具，可实现软件的自动化编译、测试、部署，它引入了 Pipeline 概念，实现了工作流即代码。

Bamboo 是澳大利亚 Atlanssian 公司的产品，可实现持续集成、持续部署和持续交付。

5）自动化部署工具

由于新代码是连续部署的，因此配置管理工具可以快速、频繁地执行任务。Puppet、SaltStack 和 Ansible 是典型的开源配置管理工具。

Puppet 提供了一套标准的操作方式，实现软件的交付和维护，支持 UNIX 和 Windows，其优点是 Web 界面生成处理报表、资源清单、实时节点管理，push 命令可即刻触发变更，缺点是相对其他工具较复杂，需学习 Puppet 的 DSL 或 Ruby，安装过程缺少错误校验和生成错误报表。Puppet 适用于软件自动化配置和部署。

SaltStack 是一种全新的基础设施管理方式,部署轻松,在几分钟内可以运行起来,扩展性好,很容易管理上万台服务器,速度够快,服务器之间秒级通信,其优点是可以使用简单的配置模块或复杂的脚本,Web 界面可以看到运行和监控的工作状态、事件日志、扩展能力极强,缺点是缺少生成深度报告的能力。SaltStack 适用于基础设施管理。

Ansible 集成了多节点部署、执行 ad hoc 任务、配置管理功能,特别适合集群管理的机器。被 Redhat 收购后,商业版 AnsibleTower 可以进行自动扩容、管理复杂的部署操作,工作流可以将配置的步骤可视化展示出来。Ansible 适用于批量操作系统配置、批量程序的部署、批量运行命令等。

6) 测试工具

可使用 Junit、Selenium、Cucumber 和 FitNesset 等自动化测试工具。这些工具允许质量管理系统完全并行地测试多个代码库,以确保功能中没有缺陷。在这个阶段,使用 Docker 容器实时模拟"测试环境"也是首选。一旦代码测试通过,它就会不断地与现有代码集成。

Junit 可实现针对 Java 代码级的单元测试工具。

Selenium 支持 Java、C#、Groovy、Perl、PHP、Python、Ruby 等多语言的测试脚本,它基于 UI 的测试,支持多种浏览器,支持移动应用测试,通过驱动,可以对 Android、iOS 的 UI 进行测试。

Cucumber 是用户行为驱动开发模式(BDD)的测试工具。采用 Given-When-Then 的格式创建一个 .feature 文件,包含给定的执行条件,Cucumber 执行这个文件即完成一个测试用例。测试用例的执行报告可以通过 JunIT 的 Junitreport 模块生成。

FitNesse 可实现自动化验收测试+Web 服务器+wiki,需求可以直接通过 Web 浏览器的方式创建和修改,即 wiki。在 FitNesse 里创建的需求,可以被 FitNesse 自动执行。

7) 容器化工具

容器化工具在部署阶段也发挥着重要作用。Docker 和 Vagrant 是流行的工具,有助于在开发、测试、登台和生产环境中实现一致性。除此之外,它们还有助于轻松扩展和缩小实例。

8) 监控工具

通过专业的监控软件,按事先设置的监控策略,监控业务应用以及系统平台的运行情况,形成监控报告和监控展示,流行工具有 Nagios 和 Zabbix 等。

Nagios 是一款免费的开源 IT 基础设施监控系统,其功能强大,灵活性强,能有效监控 Windows、Linux、VMware 和 UNIX 主机状态,交换机、路由器等网络设备的网络设置等。一旦主机或服务状态出现异常时,会发出邮件或短信报警第一时间通知IT运维人员,在状态恢复后发出正常的邮件或短信通知。其优点是配置灵活、监控项目很多、自动日志滚动、支持冗余方式主机监控、报警设置多样性,缺点是事件控制台功能较弱、无法查看历史数据、插件易用性不好。

Zabbix是一个基于Web界面的提供分布式系统监视以及网络监视功能的企业级的开源解决方案,提供分布式系统监视以及网络监视功能,可监控上万台服务器、虚拟机的性能和状态,可与多种数据库搭配使用,提供各种实时报警机制。其优点是企业级开源、功能强大、入门容易、数据可以图形的方式呈现、提供多种API接口,可定制化开发,缺点是深层次需求开发难度较大、报警设置复杂、缺少数据汇总功能、数据报表需要二次开发。

9）其他工具

DevOps中常用的工具还包括OpenShift、CloudFoundry、Kubernetes、Mesosphere等微服务平台工具,Puppet、dockerSwarm、Vagrant、Powershell、OpenStackHeat等服务开通工具,Logstash、CollectD、StatsD等日志管理工具等。

用于运维的技术和工具很多,图7-8给出了DevOps运维过程中运用不同工具的一个示例。

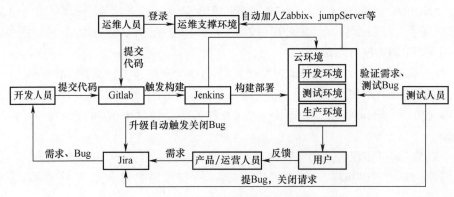

图7-8 DevOps运维过程中的工具使用示例

7.3.3 AIOps运维技术

7.3.3.1 AIOps运维概述

AIOps是以大数据平台和算法平台为核心,需要与监控、服务台、自动化系统联动,从各个监控系统中抽取数据、面向用户提供服务、并有执行智能运维产生决策模型的自动化系统。AIOps的目标是将人的知识和运维经验与大数据、机器学习技术相结合,开发成一系列的智能策略,融入运维系统中。

AIOps可应用于如下领域以提高运维的效率。

（1）智能预警：智能预警是在异常发生前，预测异常发生的概率，从而提醒或有针对性地对异常提前规避。

（2）智能检测：智能检测则是从事前分析、事中告警聚合、故障定位、事后经验沉淀等方面，来辅助运维人员的决策过程，实现对异常快速有效处理。

（3）智能巡检：数据中心巡检是保证数据中心安全运行，提高可靠性的一项基础工作。智能巡检则可引入智能巡检机器人、定点摄像实时监控机器人，对IT设备、机房环境进行巡检或定点监控。

（4）智能故障分析：基于机器学习算法，实现故障的精确定位、故障原因分析和故障自愈等。

（5）智能预测：基于多种回归和统计方法，实现对不同级别粒度的业务数据的预测，包括业务指标预测、容量预测等。

（6）智能决策：一方面可以将运维人员的决策过程数据化，构建决策支持知识库，从而实现经验积累；另一方面，由于系统掌握了从全局到细节的数据，再结合决策支持知识库，可以为更加准确的决策提供最有力的支撑。

（7）智能变更：智能变更的系统决策来源于运维人员的运维经验，这些经验通过机器学习、知识图谱等手段转化成系统可学习和实施的数据模型。

（8）智能问答：通过机器学习、自然语言处理等技术来学习运维人员的回复文本，构建标准问答知识库，从而在遇到类似问题的时候给出标准的、统一的回复。这样不仅可以有效地节省运维人员的人力成本，还能够使得提问得到更加及时的回复。

7.3.3.2　AIOps平台基本结构

AIOps从技术层面来讲，需要数据、算法模型两个最为核心的要素，数据的支撑需要一套整体的运维大数据体系，而算法模型的支撑则需要一套整体的挖掘框架体系，以及执行决策的自动化系统。

AIOps总体架构包括大屏可视化、自动化运维管理平台、运维流程管理平台、集中监控管理平台、CMDB管理平台和AI中心平台等，打破数据烟囱和功能烟囱，通过数据采集—数据建模—机器学习挖掘—自动化执行—反馈，AIOps运维中各平台功能模块之间能有效交互，其整体架构如图7-9所示。

与自动化运维相比，AIOps总体架构中有AI中心。AI中心利用人工智能算法，根据具体的运维场景、业务规则或专家经验等构建智能运维组件，类似于程序中的API或公共库，它具有可重用、可演进、可了解的特性。智能运维组件按照功能类型可分为两大类，分别是运维知识图谱类和动态决策类。

运维知识图谱类的组件是通过多种算法挖掘运维历史数据，从而得出运维主

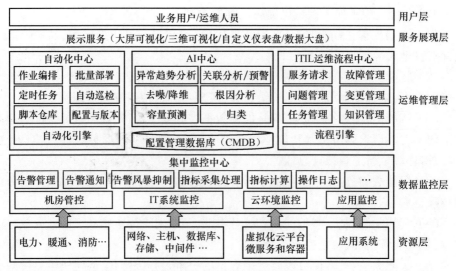

图 7-9 AIOps 整体架构

体各类特性画像和规律,以及运维主体之间的关系,形成运维知识图谱。其中,运维主体是指系统软硬件及其运行状态,软件包括操作系统、中间件、数据库、应用、应用实例、模块、服务、微服务、存储服务等,硬件包括机房、机群、机架、服务器、虚机、容器、硬盘、交换机、路由器等,运行状态主要是由指标、日志事件、变更、Trace等监控数据体现。运维知识图谱类的组件如图 7-10 所示。

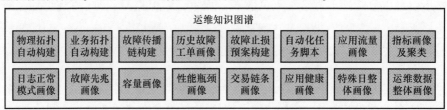

图 7-10 运维知识图谱的组件示意图

动态决策类组件则是在已经挖掘好的运维知识图谱的基础上,利用实时监控数据作出实时决策,最终形成运维策略库。实时决策主要有异常检测、故障定位、故障处置、故障规避等,如图 7-11 所示。

动态决策类组件一般是对当前的日志或事件进行分析,对其做出及时响应与决策,甚至预测未来一段时间内系统运行状态。可以将异常发现、故障定位、异常处置作为一种被动的运维,异常规避则是一种主动异常管理的方式,准确度高的预测能提高服务的稳定性。

以故障预测为例,预测是在基于历史经验的基础上,使用多种模型或方法对现

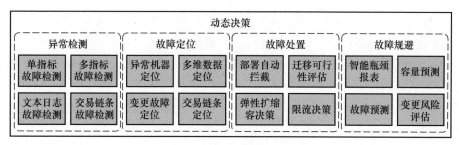

图 7-11 动态决策类组件的示意图

有的系统状态进行分析,判断未来某一段时间内发生失效的概率。预测是一种主动异常管理的方式,准确度高的预测能提高服务的稳定性。通过智能预测的结果,运维人员可采用多种运维手段,如切换流量、替换设备等方式规避系统失效。

随着监控范围的不断扩大,其产生的数据具备多样性、多维性和非结构化等特点,并且可能同业务数据存在相关性,传统的手动分析处理方式效率低且成本高。随着大数据和人工智能的兴起,越来越多的智能分析算法也应用于运维领域,它们通过分析运维系统本身所拥有和产生的海量数据,在问题定位、流量预测、辅助决策、智能报警和自动故障恢复等方面发挥出较大的作用,从而进一步降低运维成本。

AIOps 常用算法及应用如下。

(1) 数据聚合/关联技术,主要有 K 近邻、贝叶斯分类器、Logistic 回归(LR)、支持向量机(SVM)、关联规则挖掘(Apriori 算法/FP-growth 算法)、决策树算法(迭代二叉树 ID3/分类回归树 CART)和随机森林(RF)等方法。

(2) 数据异常点检测技术,主要有正态分布异常检测、马氏距离异常检测、KNN 异常检测、密度异常检测、独立森林异常检测等方法。

(3) 故障分析策略,主要有决策树分析等方法。

(4) 聚类,主要有 kmeans、knn、基于层次聚类和基于密度聚类等方法。

(5) 分类预测,主要有贝叶斯、神经网络、决策树、knn、svm 等方法。

(6) 趋势预测算法,主要有 ARIMA 模型建模、移动平均法、指数平滑法、卷积神经网络和循环神经网络等方法。

7.4 装备保障信息系统运维体系建设

7.4.1 运维体系建设的原则

装备保障信息系统运维体系建设要以业务为中心,整合运维服务资源,规范运维行为,确保服务质效,形成统一管理、集约高效的一体化运维体系,从而保障信息系统安全、稳定、高效地持续运行,支撑用户单位的持续发展与战略成功。

信息系统的运维体系建设一般会参考借鉴ITIL、ISO20000和ITSS等体系标准构建,系统运维体系建设要遵循以下原则。

(1)以完善的运维服务制度、流程为基础。为保障运维工作的质量和效率,应制定相对完善、切实可行的运维管理制度和规范,确定各项运维活动的标准流程和相关岗位设置等,使运维人员在制度和流程的规范和约束下协同操作。

(2)以先进、成熟的运维管理平台为手段。通过建立统一、集成、开放并可扩展的运维管理平台,实现对各类运维事件的全面采集、及时处理与合理分析,实现运维工作的智能化和高效率。

(3)以高素质的运维服务队伍为保障。运维服务的顺利实施离不开高素质的运维服务人员,因此必须不断提高运维服务队伍的专业化水平,才能有效利用技术手段和工具,做好各项运维工作。

(4)以科学合理的考核指标为导向。搭建科学规范的绩效评估体系,使运维绩效评估工作能够发挥持续的导向作用,形成推动系统运维工作发展的长效机制。

7.4.2 运维体系建设的步骤

高效的装备保障信息系统自动化运维管理体系建设需要逐步实施和优化,一般需要经过如下几个阶段。

(1)咨询评估阶段:该阶段主要工作是通过对用户单位的IT建设和运维管理现状进行调查研究,评估单位当前的IT服务成熟度,找出运维管理存在的问题和不足,制定运维管理建设的总体目标、功能需求和实施计划等。

(2)建设实施阶段:在前期咨询评估的成果上,建设运维管理系统,通过系统的建设,固化运维管理流程,实现包括服务台、服务目录、事件管理、问题管理、配置管理和知识管理等最核心的运维流程。

(3)推广提高阶段:对运维流程体系进一步的深化和改进,主要实现变更管理、发布管理、服务级别管理、能力管理、可用性管理、监控系统的集成,运维KPI指标的制定。

(4)持续改进阶段:自动化运维管理体系的建设应该是一个持续改进的过程,整个过程采用PDCA管理思想,定期对运维流程进行分析,提出优化和改进建议,使运维流程随着组织内外部环境的不断变化而改进,保障运维流程动态满足用户单位的业务目标。

7.4.3 自动化运维体系的总体结构

自动化运维体系由运维服务制度、运维服务流程、运维服务组织人员、自动化运维技术服务平台以及运行维护对象五部分组成，如图7-12所示。其中制度是规范运维管理工作的基本保障，也是流程建立的基础。运维服务组织中的相关人员遵照制度要求和标准化的流程，采用先进的运维管理平台对各类运维对象进行规范化的运行管理和技术操作。

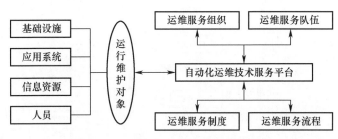

图7-12 自动化运维体系的总体结构

1) 运维服务对象

信息系统的运行维护对象是信息系统运行维护服务的受体，主要指运行维护服务对象，如机房环境、网络通信、硬件、软件、数据和应用等。

2) 运维服务制度

为确保运维服务工作正常、有序、高效、协调地进行，需要根据管理内容和要求制定一系列管理制度，包括基础制度、行业规范、运维过程制度和人员管理制度等各个方面。

（1）基础制度包括机房管理、网络安全管理、应用安全管理、数据库安全管理、介质管理、设备管理、信息系统监控管理、计算机病毒防治管理、账号与密码管理、备份与恢复管理、应急响应预案、灾难恢复预案等。

（2）行业规范包括运维管理体系、网络系统安全管理、应用系统安全管理、数据库安全管理等。

（3）运维过程制度包括服务台管理、服务目录管理、事件管理、问题管理、配置管理、变更管理、可用性和连续性管理等。

（4）人员管理制度包括对运维人员的能级管理制度、奖惩制度、考核制度等。

随着整个信息化应用内容的不断发展，一些旧的运行管理制度势必不能适应新发展的要求，必须进行不断的改进，并制定相适应的新的管理制度，逐步完善管理机制。

3）运维服务流程

为保障运行维护体系的高效、协调运行，应依据管理环节、管理内容、管理要求制定统一的运行维护工作流程，实现运行维护工作的标准化和规范化。管理环节主要包括事件管理、工单管理、问题管理、变更管理、配置管理和知识库管理等，基本管理流程如图7-13所示。

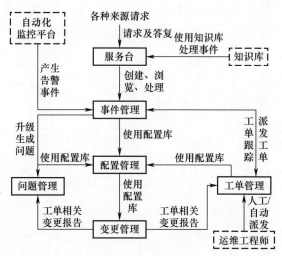

图7-13 运维工作流程

（1）服务台：运维流程的入口和出口，与各个环节联系密切。用户通过它来提出问题，运维人员通过它来反馈问题及进度。

（2）事件管理：在发生故障事件时，需要尽快恢复服务并减少对业务的影响。事件管理主要提供服务台和事件管理者对于事件的记录、处理、查询、派发等功能。

（3）工单管理：主要是工单的创建、变更、查询、派发、监督等，它是运维工作的载体。

（4）问题管理：针对已处理事件的遗留问题或处理事件形成的方案只是治标不治本等问题，根据事件及处理方案，经过调查、诊断后提出最终解决方法，预防问题和事故的再次发生。

（5）变更管理：记录所有基础设施和应用系统的变更情况，并进行分类。

（6）配置管理：将所有资源统一管理，包括所有的信息资源和业务系统的参数配置，如型号、版本、位置、相关文档等。

（7）知识库管理：汇集了在运维中遇到的典型案例及相关的技术资料，可以辅助运维人员解决问题。

4）运维服务组织人员

根据运维服务工作的内容和流程确定各项工作中的岗位设置和职责分工，并按照相应岗位的要求配备所需不同专业、不同层次的人员,组成专业分工下高效协作的运维队伍。运维组织架构图如图7-14所示。

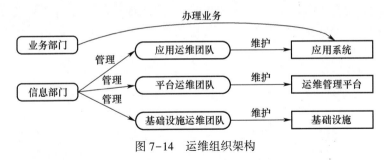

图7-14 运维组织架构

5) 自动化运维技术服务平台

运维技术服务平台包含实施运维和技术服务的各种手段和工具,能够将运维流程电子化,使运维工作可追踪、可回溯,并提供知识库功能,以通过技术手段固化标准化的流程、积累和管理运维知识并开展主动性运维工作。

装备保障信息系统自动化运维平台包括集中监控平台、数据平台(即Configuration Management Database,CMDB)、流程管理平台、自动化管理平台、统一门户平台等平台或功能组件,其总体架构如图7-15所示。

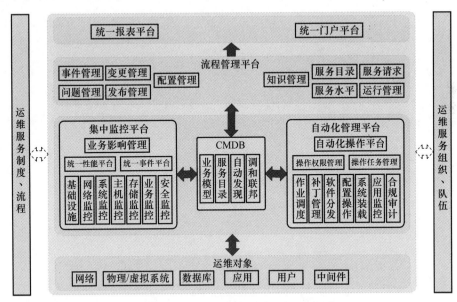

图7-15 自动化运维技术平台总体架构

(1) 集中监控管理平台:提供统一的界面,实现统一登录对基础设施、网络、应用系统、主机、存储、业务和安全等的统一监控。

(2) 数据平台(CMDB):CMDB 存储与管理用户单位 IT 架构中设备的各种配置信息,包括主机、项目、用户、机房、网络等。它与所有服务支持和服务交付流程都紧密相连,支持这些流程的运转、发挥配置信息的价值,同时依赖于相关流程保证数据的准确性,所有流程所需要使用的配置信息都将通过 CMDB 来进行获取,如监控、自动化、流程等。

(3) 流程管理平台:流程管理平台主要对事件管理、问题管理、变更管理和发布等流程进行管理。

(4) 自动化管理平台:自动化管理平台主要完成自动化日常运维操作、自动化业务系统维护、自动化应急切换、自动化灾备切换、自动化应用部署、自动化日常巡检、自动化系统备份等自动化操作。

(5) 统一门户平台:统一门户平台主要解决用户多套系统独立登录的繁杂性问题,可以无缝集成用户单位现有的系统,提供统一登录认证、LDAP 认证、用户管理与角色管理、应用管理、登录配置、日志审计等功能,实现统一登录、页面集成、人性化操作,使运维工作更加高效。

第8章
装备保障信息系统数据可视化技术

随着信息系统的持续应用,将累积大量的数据,而随着数据分析挖掘技术的提升,又将为各级管理人员产生更多的可用信息。信息系统数据的可视化主要利用图形图像方面的技术与方法,旨在研究各种信息资源的视觉呈现,以帮助人们更好地理解和运用信息。

本章首先对数据可视化进行概述,然后介绍典型数据可视化技术和工具,再介绍数据可视化的常用图表,最后基于阿里云 DataV,给出了装备保障信息系统中装备保障可视化大屏的设计方法。

8.1 数据可视化概述

8.1.1 数据可视化与信息可视化

广义的数据可视化涉及信息技术、自然科学、统计分析、图形学、交互、地理信息等多种学科,包含科学可视化(Scientific Visualization)、信息可视化(Information Visualization)和可视分析学(Visual Analytics)三个学科方向。

科学可视化是计算机图形学的一个子集,是计算机科学的一个分支。科学可视化的目的是以图形方式说明科学数据,使科学家能够从数据中了解、说明和收集规律。

信息可视化是研究抽象数据的交互式视觉表示以加强人类认知,其中抽象数据包括数字和非数字数据,如地理信息与文本等。

可视分析学是随着科学可视化和信息可视化发展而形成的新领域,重点是通过交互式视觉界面进行分析推理。

狭义的数据可视化指的是将数据用统计图表方式呈现,即要根据数据的特性,如时间信息和空间信息等,找到合适的可视化方式,如图表(Chart)、图(Diagram)和地图(Map)等,将数据直观地展现出来。

数据可视化并不是为了展示已知数据之间的规律,而是为了帮助用户通过认知数据,产生新的发现,探究数据所反映的实质。作为信息系统信息输出的主要方式,基于页面信息的可视化分析是管理人员分析决策的有效手段。本书涉及的装备保障信息系统的可视化技术,主要针对装备保障信息系统数据的可视化,即装备保障信息的可视化输出和展示。

8.1.2 数据可视化的过程

数据可视化不是简单的视觉映射,而是一个以数据流向为主线的一个完整流程,主要包括数据采集、数据处理和变换、可视化映射、用户交互和用户感知五个步骤,也就是数据经一系列处理后,用户通过可视化交互后从结果中获取知识和灵感的过程。

下面,对数据可视化主流程中的几个关键步骤进行说明。

1. 数据采集

数据采集是数据分析和可视化的第一步,数据采集的方法和质量,很大程度上决定了数据可视化的最终效果。

数据采集的分类方法有很多,从数据的来源来看,可以分为内部数据采集和外部数据采集。

(1) 内部数据采集指的是采集部门内部活动的数据,通常数据来源于业务数据库,如电商平台的订单交易情况。如果要分析用户的行为数据、App 的使用情况,还需要一部分行为日志数据,需进行 Web 数据采集。

(2) 外部数据采集指的是通过各种方法手段获取部门外部的数据,通常采用的数据采集方法为"网络爬虫"。

2. 数据处理和变换

数据处理和数据变换,是进行数据可视化的前提条件,包括数据预处理和数据挖掘两个过程。

一方面,通过前期的数据采集得到的数据,不可避免地含有噪声和误差,数据质量较低;另一方面,数据的特征、模式往往隐藏在海量的数据中,需要进一步的数据挖掘才能提取出来。

常见的数据质量问题如下。

(1) 数据收集错误,遗漏了数据对象,或者包含了本不应包含的其他数据对象。

(2) 数据中的离群点,即不同于数据集中其他大部分数据对象特征的数据对象。

(3) 存在遗漏值,数据对象的一个或多个属性值缺失,导致数据收集不全。

（4）数据不一致，收集到的数据明显不合常理，或者多个属性值之间互相矛盾，例如，体重是负数，或者所填的邮政编码和城市之间并没有对应关系。

（5）重复值的存在，数据集中包含完全重复或几乎重复的数据。

因此，对采集到的原始数据进行数据清洗和规范化，是数据可视化流程中不可缺少的一环。

数据可视化的显示空间通常是二维的，如计算机屏幕、大屏显示器等，但是在大数据时代，数据通常具有4V特性，即Volume（大量）、Variety（多样）、Velocity（高速）和Value（价值）。如何从高维、海量、多样化的数据中，挖掘有价值的信息来支持决策，除了需要对数据进行清洗、去除噪声之外，还需要依据业务目的对数据进行二次处理，主要数据处理方法包括降维、数据聚类和切分、抽样等统计学或机器学习中常用的方法。

3. 可视化映射

对数据进行清洗、去噪，并按照业务目的进行数据处理之后，就是可视化映射环节。可视化映射是整个数据可视化流程的核心，是指将处理后的数据信息映射成可视化元素的过程。

可视化元素由三部分组成：可视化空间、标记和视觉通道。

1）可视化空间

数据可视化的显示空间，通常是二维。通过图形绘制技术，如三维环形图、三维地图等，可以解决三维物体在二维平面显示的问题。

2）标记

标记是数据属性到可视化几何图形元素的映射，用来代表数据属性的归类。

根据空间自由度的差别，标记可以分为点、线、面、体，分别具有零自由度、一维、二维和三维自由度。如常见的散点图、折线图、矩形树图、三维柱状图，分别采用了点、线、面、体这四种不同类型的标记。

3）视觉通道

数据属性的值到标记的视觉呈现参数的映射，叫作视觉通道，通常用于展示数据属性的定量信息。常用的视觉通道包括标记的位置、大小（长度、面积、体积等）、形状（三角形、圆、立方体等）、方向、颜色（色调、饱和度、亮度、透明度等）。

标记和视觉通道是可视化编码元素的两个方面，两者的结合，可以完整地将数据信息进行可视化表达，从而完成可视化映射这一过程。

4. 人机交互

可视化的目的是反映数据的数值、特征和模式，以更加直观、易于理解的方式，将数据背后的信息呈现给目标用户，辅助其做出正确的决策。

常见的交互方式包括以下几种。

（1）滚动和缩放：当数据在当前分辨率的设备上无法完整展示时，滚动和缩放是一种非常有效的交互方式,如地图、折线图的信息细节等。

(2) 颜色映射的控制:一些可视化的开源工具,会提供调色板,用户可以根据自己的喜好,去进行可视化图形颜色的配置。

(3) 数据映射方式的控制:这个是指用户对数据可视化映射元素的选择,一般一个数据集,是具有多组特征的,提供灵活的数据映射方式给用户,可以方便用户按照自己感兴趣的维度去探索数据背后的信息。

(4) 数据细节层次控制:如隐藏数据细节,点击后才出现等。

5. 用户感知

可视化的结果,只有被用户感知之后,才可以转化为知识和灵感。

用户在感知过程,除了被动接受可视化的图形之外,还通过与可视化各模块之间的交互,主动获取信息。

8.1.3　数据可视化应用的分类

马里兰大学教授 Ben Shneiderman 把数据分成以下七类:一维数据、二维数据、三维数据、多维数据、时态数据、层次数据和网络数据。数据可视化方法根据不同的数据也可划分为以下七类。

1) 一维数据可视化

一维信息是简单的线性信息,如文本或者一列数字。

2) 二维数据可视化

在数据可视化环境中,二维信息是指包括两个主要属性的信息。宽度和高度可以描述事物的大小,事物在 X 轴和 Y 轴的位置表示了它在空间的定位。

3) 三维数据可视化

该类别主要应用于建筑和医学领域,同时许多科学计算可视化也是三维数据可视化。QuickTime-VR 技术以及数字化图像技术也通常被用于创建和描述现实的三维信息。这种虚拟的三维信息往往比真实的空间更加实用和高效。

4) 多维数据可视化

多维信息是指在数据可视化环境中的那些具有超过三个属性的信息。但实际上多维数据可视化最终还是在二维或者三维空间内实现,主要原因是现有的技术很难直接表示多维信息,人们也很难想象多维空间。

5) 时间序列数据可视化

有些信息自身具有时间属性,可以称为时间序列信息。时间序列数据可视化技术主要是指对信息数据通过时间发展特点进行收集整理,通过相应的手段使其呈现可视化形式。通过这一技术所呈现的可视化形式一般有以下两种:一是线形图,通过原始点来展示出时间发展下的数据信息变化;二是堆积图,主要是对时间序列进行累积,能够通过这一方法求得序列的总和。

6) 层次数据可视化

层次关系是抽象信息之间的一种普遍关系,例如,文件目录结构、图书分类等。对于该类信息的可视化目前大多集中在如何寻求简洁的层次数据可视化结构方面。

7) 网络数据可视化

目前,Web 的信息不计其数,这些信息分布在遍及世界各地的数以万计的网站上,网站通过文档之间的超链接彼此交织在一起。网络数据可视化技术主要是通过自动布局与自动计算将信息数据绘制成网状结构的图形。一般来说应用较为广泛的有以下三种类型:一是借助仿真物理学中力的概念对网状图进行绘制,通过各个受力节点来进行连接,进而达到可视化的目的;二是对信息数据进行分层布局,绘制出层次结构分明的信息数据网状图;三是对信息数据采用网格布局的方式,绘制出类似于网格的信息数据网状图。

8.1.4 数据可视化的发展趋势

数据可视化在信息展示、传播或信息分析预测的领域里都得到了广泛的应用,对数据可视化的研究与应用也不断深化,并表现出个性化、互动化、实时化、商品化和智能化的发展趋势。

1) 个性化

大数据时代不应该停留在传统的模式上,应该采取多种模式来满足不同的用户的个性化要求,数据可视化设计将逐步以任务为中心转化为以用户为中心,通过对不同用户需求、用户心理、用户认知能力及用户后期使用效果和评价等的具体分析,将在可视化图形的展现多样性以及多个视图整合方面,帮助用户从不同角度分析数据、缩小答案的范围、展示数据的不同影响。通过不断改善分析的功能和可操作性,让前端布局自定义搭配,让业务人员随心所欲布置,为不同用户提供个性化的视觉体验。

2) 互动化

大数据时代,大规模、高纬度、非结构化数据层出不穷,要将这样的数据以可视化形式完美地展示出来,高分高清大屏幕拼接可视化技术可以较好地解决该问题。结合数据实时渲染技术、GIS 空间数据可视化技术,实现数据实时图形可视化、场景化以及实时交互,让使用者更加方便地进行数据的理解和空间知识的呈现,可应用于指挥监控、视景仿真及三维交互等众多领域。

可视化技术的互动主要体现在两个方面:一是通过支持主从屏联动、多屏联动、自动翻屏等大屏展示功能和支持触控交互方式,满足用户的不同展示需求;二是通过输出系列可视化图表,将每一项数据在不同维度指标下交互联动,展示数据在不同角度的走势、比例、关系,帮助用户通过交互,挖掘数据之间的关联,发现数据背后的知识与规律,并支持数据的上钻下探、多维并行分析,利用数据推动决策。

3) 实时化

物联网、信息系统和网络无时无刻不在产生海量的信息,其中很多信息对时间响应有很高的要求,这就要求可视化分析的数据收集和分析从批处理方法转向随需应变的数据更新方法,它需要实时处理不断增加的数据量,以确保最近的数据源被用于分析和展示。

4) 商品化

目前,数据可视化技术的产品化、商品化趋势在电子商务的网站设计和商务智能(Bussiness Inteligent,BI)中已经展现。

5) 智能化

如今,人工智能和机器学习都是当下科技世界的热门话题,他们在数据科学以及可视化中正广泛被应用,通过引入机器学习模型,对结构化和非结构化数据进行数据处理,以帮助用户发现数据的内在规律。

8.2 典型数据可视化技术和工具

HTML 的功能十分有限,难以实现一些动态的、与用户友好交互的效果,因此,前端的一些绘图技术应用而生,包括 Java Applet、Flash、VML、SVG 和 Canvas 等,当前最主要要的前端基础绘图库有 Canvas、SVG 和 WebGL,其中前两项主要用于二维图形绘制,后者用于三维图形绘制。

(1) Canvas:Canvas 通过 JavaScript 来绘制二维图形,通过逐像素来进行渲染。

(2) SVG:可缩放矢量图形(Scalable Vector Graphics),是基于可扩展标记语言(标准通用标记语言的子集)用于描述二维矢量图形的一种图形格式。

(3) WebGL:WebGL(Web Graphic Library)是一个 JavaScript API,用于在任何兼容的 Web 浏览器中渲染 3D 图形。WebGL 程序由用 JavaScript 编写的控制代码和用 OpenGL 着色语言(GLSL)编写的着色器代码构成,这种语言类似于 C 或 C++,可在 GPU 上执行。

相对前端的绘图基础技术,数据可视化的技术和工具更多,本节将从基础入门、开发工具、数据地图、商业智能分析、可视化大屏及专业数据挖掘分析等各种应用需求,介绍几种典型的数据可视化工具和语言。

8.2.1 基础入门工具

基础入门最常见和最受欢迎的可视化工具是 Excel 和 Tableau。

1. Excel

Excel 是典型的入门级数据可视化工具,它可以快速搜索数据,或者为内部使用创建可视化数据。Excel 可视化操作简单,可视化功能强大,在普及率、兼容性和配色上有着非常强大的优势。Excel 内置大量的可视化模板,通过插件方式还可以方便地扩充各种各样的高效扩展插件。

2. Tableau

Tableau 是目前全球最易于上手的报表分析工具,并且具备强大的统计分析扩展功能。它能够根据用户的业务需求对报表进行迁移和开发,实现业务分析人员独立自助、简单快速、以界面拖拽式地操作方式对业务数据进行联机分析处理、即时查询等功能。

Tableau 包括个人计算机所安装的桌面端软件(Tableau Desktop)和企业内部数据共享的服务器端(Tableau Server)两种形式,通过桌面端与服务器端配合实现报表从制作到发布共享、再到自动维护报表的过程。

Tableau Desktop 是一款桌面端分析工具。此工具支持现有主流的各种数据源类型,包括 Microsoft Office 文件、逗号分隔文本文件、Web 数据源、关系数据库和多维数据库等。Tableau 可以连接到一个或多个数据源,支持单数据源的多表连接和多数据源的数据融合,轻松地对多源数据进行整合分析,无须任何编码基础。连接数据源后只需用拖放或点击的方式就可快速地创建出交互、精美、智能的视图和仪表板。

Tableau Server 是一款基于 Web 平台的商业智能应用程序,可以通过用户权限和数据权限管理 Tableau Desktop 制作的仪表板,同时也可以发布和管理数据源。当业务人员用 Tableau Desktop 制作好仪表板后,可以把交互式仪表板发布到 Tableau Server。

Tableau Server 是 B/S 结构的商业智能平台,适用于任何规模的企业和部门。用户可以通过浏览器或者使用 iPad 或 Andriod 平板中免费的 App 浏览、筛选、排序分析报告。Tableau Server 支持数据的定时、自动更新,无须业务人员定期重复地制作报告。

Tableau 的主要缺点是其免费版本的数据是公开的,而如果要保护数据隐私及扩大使用权限,就需要付费购买。

8.2.2 开发工具

下面介绍几款常用的开源的,主要是基于 JS 的数据可视化开发工具。

1. Highcharts

Highcharts 是 Highsoft 提供的一个用纯 JavaScript 编写的一个图表库 能够很简单便捷的在 Web 网站或是 Web 应用程序添加有交互性的图表,并且免费提供给个人学习、个人网站和非商业用途使用。Highcharts 支持的图表类型有曲线图、区域图、柱状图、饼状图、散状点图和综合图表等。

Highcharts 的主要特点是:兼容性强、图表的主题类型多、操作性强、使用简单。除了 Highcharts 以外,Highsoft 还提供了 Highstock 和 Highmaps,分别显示分时数据和地图。

Highcharts 可以免费在非商业用途中使用,但是商业用途需授权,代码开源。官网地址:https://www.highcharts.com/。

2. ECharts

ECharts 缩写自 Enterprise Charts,企业级图表,代码开源,主要由百度数据可视化团队进行维护,是一个纯 JavaScript 的图表库,可以流畅地运行在 PC 和移动设备上,兼容当前绝大部分浏览器,底层依赖另一个也是该团队自主研发的轻量级的 Canvas 类库 ZRender,提供直观,生动,可交互,可高度个性化定制的数据可视化图表。

ECharts 的主要特点如下。

(1) ECharts 属于开源软件,具有丰富的图表类型,覆盖主流常规的统计图表。
(2) ECharts 使用简单,已封装了 JS,只要会引用就会得到完美的展示效果。
(3) ECharts 种类多,实现简单,还有丰富的 API 及文档说明。
(4) ECharts 兼容性好,基于 HTML5,有着良好的动画渲染效果。

Echarts 完全免费,代码开源,官网地址:https://echarts.apache.org/zh/index.html。

3. AntV

AntV 是蚂蚁金服全新一代数据可视化解决方案,主要包含数据驱动的高交互可视化图形语法 G2,专注解决流程与关系分析的图表库 G6,适于对性能、体积、扩展性要求严苛场景下使用的移动端图表库 F2,以及一套完整的图表使用指引和可视化设计规范,致力于提供一套简单方便、专业可靠、无限可能的数据可视化最佳实践。

AntV 是国内第一个采用 The Grammar of Graphics 理论的可视化库,AntV 带有一系列的数据处理 API,简单数据的数据归类,分析的能力,被很多大公司用作自己 BI 平台的底层工具。

AntV 的官网地址:https://antv.vision/zh。

4. D3

D3 的全称是 Data-Driven Documents,是一个被数据驱动的文档。D3 是一个开源项目,也叫 D3.js,是一个 JavaScript 函数库,功能十分强大,灵活性也高,支持 HTML、SVG 和 CSS,非常适合开发者学习研究,使用它主要用来做数据可视化。

D3 提供了各种简单易用的函数,大大简化了 JS 操作数据的难度,尤其在数据可视化方面,D3 已将生成可视化的复杂步骤精简到了几个简单函数,只需输入几个简单数据,就可转换成各种绚丽图形。

D3 的使用需要 HTML、CSS、JavaScript、DOM 和 SVG 等技术基础,D3 是完全免费的,代码开源,官网地址:https://d3js.org/。

5. Plotly

Plotly 是一个交互式开源数据可视化框架,它具有 Python、R、Javascript 等语言的 API 接口,可用于撰写、编辑和共享交互式数据可视化,支持三种不同类型的图表,包括地图,箱形图和密度图,以及更常见的产品,如条状和线形图。

和许多 JavaScript 数据可视化库不同,Plotly.js 不依赖于 jQuery,而是基于新的开源 JSON(JavaScript Object Notation)schema,这使得 plotly.js 性能显著超过其他竞品。Plotly.js 采用 JSON 的图表规范来制作交互可视化,所以从一种格式转换到另一种更加简单,例如,将 CSV 文件转成 Excel 图表、Python 代码或交互图表及 R 代码等。

最新版本的 Plotly.js 可以免费、无限制地用于任何项目。

8.2.3 数据地图

很多工具都能实现数据地图,如上面提到的 Excel、Tableau 和 Echarts 等。Excel 的 Powermap 功能少,显示效果不佳;借助于即时地理编码,可以从 R 或 GIS(或任何已有的其他空间文件或自定义地理编码数据)导入地理数据,自动将位置数据和信息转化为带有16级缩放的丰富交互式地图,或者利用自定义地理编码绘制包含重要业务元素的地图,并通过 TableauOnline、TableauPublic 和 TableauServer 更轻松地访问、交互和共享;Echarts 内置的地图种类比较少,开发时需先下载 Echarts 使用的地图插件。

1) Highmaps

Highmaps 是继承自 Highcharts 的专门用于地图的图表插件。Highmaps 除了根据值展示地理区域色块外,还支持线段(可以表示公路、河流等)、点(城市、兴趣点等)等其他地理元素。

Highmaps 可以单独使用，也可以作为 Highcharts 的一个插件来使用。

Highmaps 支持 GeoJSON 标准数据，大多数 GIS 软件支持将常见的 GIS 数据文件（例如 Shapefile、KML）转换成 GeoJSON。

在网站 https：//img.hcharts.cn/mapdata/可看到 Highmaps 支持的地图数据集，此页面上所有数据是由 Highsoft AS 提供，使用时请购买相应的 Highmaps 软件授权。

2）Leaflet

Leaflet 是一个轻量级的开源 JavaScript 地图组件，它的设计坚持简便、高性能和可用性好的思想，在所有主要桌面和移动平台能高效运作，在现代浏览器上会利用 HTML5 和 CSS3 的优势，同时也支持旧的浏览器访问。支持插件扩展，有一个友好、易于使用的 API 文档和一个简单的、可读的源代码。

Leaflet 的主要优点是专门针对地图应用，手机端兼容性良好，API 简洁，支持插件机制；其缺点和不足在于其功能比较简单，需要具备二次开发能力，同时是地图专用，其他领域使用不上。

Leaflet 官方网址 https：//leafletjs.com/index.html，通过官方网址可以下载 Leaflet。

3）Polymaps

Polymaps 是一款地图可视化一个 JavaScript 工具库。Polymaps 使用 SVG 实现从国家到街道一级地理数据的可视化。Polymaps 还是一个强大的资源库，类似于 CSS 选择器，允许创建独特的地图风格，这种复杂的地图叠加工具可以加载多种规模的数据，提供多级别缩放功能，大到国家，小到街景。

Polymaps 是开源的，官网地址：https：//polymaps.org/。

4）OpenLayers

OpenLayers 是一个用于开发 WebGIS 客户端的 JavaScript 包。OpenLayers 支持的地图来源包括 Google Maps、Yahoo、Map、微软 Virtual Earth 等，用户还可以用简单的图片地图作为背景图，与其他的图层在 OpenLayers 中进行叠加。

OpenLayers 利用 Canvas2D、WebGL 以及 HTML5 中其他最新的技术来构建功能，同时支持在移动设备上运行。其设计之意是为互联网客户端提供强大的地图展示功能，包括地图数据显示与相关操作，并具有灵活的扩展机制，可以对接到不同层级的 API 进行功能扩展，或者使用第三方库来定制和扩展。

OpenLayers 支持 OGC 制定的 WMS、WFS 等 GIS 网络服务规范；支持从 OSM、Bing、MapBox、Stamen 和其他瓦片资源中提取图瓦片并在前端展示；OpenLayers 支持 MapBox 矢量切片中的 pbf 格式、GeoJSON 格式和 TopoJSON 格式的矢量切片的访问和展示，能够渲染 GeoJSON、TopoJSON、KML、GML 和其他格式的矢量数据；OpenLayers 实现了类似于 Ajax 的无刷新功能，可以结合很多优秀的 JavaScript 功能插件,带给用户更多丰富的交互体验。

OpenLayers 是一个开源的项目,官网地址:https://openlayers.org/。

8.2.4 商业智能分析

1) Tableau

Tableau 作为全球知知名度很高的数据可视化工具,操作界面灵活,图表设计简洁明了、个性化程度高,易用性和交互体验优秀。因此,Tableau 用户群体庞大,既适合新手傻瓜式入门,也适合数据分析师等进行更加高阶的可视化分析,并作为企业商务智能的可视化分析工具。

Tableau 的缺点是免费版功能有限,收费版对于个人用户来说有点贵。

2) PowerBI

PowerBI 是微软推出的一款交互式报表工具,能够把的静态数据报表转换为效果酷炫的可视化的报表,还能够根据 filter 条件,动态筛选数据,对数据进行不同层面和维度的分析。通俗点来说,Power BI 本质是一款数据分析工具,能够实现包括对数据的采集、清洗、建模和可视化的所有数据分析流程,以此用数据驱动业务,帮助企业做出正确的决策。

PowerBI 包含了一系列的组件和工具,如图 8-1 所示。

(1) Power Query 是负责抓取和整理数据的,它可以各种数据源中抓取数据进行分析,除了支持微软自家产品如 Excel、SQL Server 等,各类数据库如 Oracle、My SQL、IBM DB2 等,还支持从 R 语言脚本、Hdfs 文件系统、Spark 平台等地方导数据,以及直接从网页抓取数据,并对数据进行预处理。通过 Power Query 可以快速将多个数据源的数据合并、追加到一起,任意组合数据、将数据进行分组、透视等整理操作。

(2) Power Pivot 是一种数据建模技术,用于创建数据模型、建立关系,以及创建计算。分析人员可以通过 Power Pivot 建立多维度的数据模型,Power Pivot 是数据透视表的强大"后台",以结构化的方式来存储数据,以及计算公式,为报表和可视化图表提供丰富的分析维度和度量,满足不同业务部门的报告维度需求。

(3) Power View 是一种可以创建动态的交互式报表的工具,并且支持丰富多样的图表类型,在 Power View 中创建的报表可以很容易地进行分享,以及供查看报表的用户对 Power View 报表进行交互。

(4) Power Map 主要实现数据在三维地图的展示。

(5) Power BI Online Service(在线版)主要负责仪表板的制作和分享。

(6) 无论是 iPhone、Android 还是 Windows 手机,都有对应的 Power BI Mobile(移动版) App 下载使用。

（7）Power BI 的桌面版——Power BI Desktop，集成了其他组件的主要功能，可以使用一个软件就能完成大多数工作，实现智能分析。它有丰富的交互式图表，可以通过应用商店下载可视化组件。

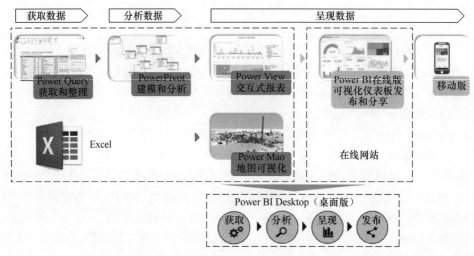

图 8-1　Power BI 组件和工具

3）FineBI

FineBI 是国内市场占有率很靠前的一个 BI 工具。FineBI 有一套从数据连接、数据处理、数据分析与可视化于的完整流程。

FineBI 操作非常简便，拖拽就能自动生成图表，还带有智能图表推荐功能，而且内置的可视化图表很丰富，用来制作可视化仪表板或者可视化大屏很方便。

除了数据可视化功能之外，它还包含了数据分析过程中的数据处理、建模、甚至是 SQL 的优化，对于数据分析来说也是一款很好的工具。

有别于 Tableau 的是，它更倾向于企业应用，从内置的 ETL 功能以及数据处理方式上看出，侧重业务数据的快速分析以及可视化展现。可与大数据平台，各类多维数据库结合，所以在企业级 BI 应用上广泛，个人使用免费。

8.2.5　可视化大屏设计工具

常见的大屏可视化工具有阿里 DataV、百度 Sugar 和 FineReport 等。

1）阿里 DataV

DataV 提供指挥中心、地理分析、实时监控、汇报展示等多种场景模版，具有多种图表组件，支持多种数据类型的分析展示。除针对业务展示优化过的常规图表外,还能够绘制包括海量数据的地理轨迹、地理飞线、热力分布、地域区块、三维地图、三维地球,支持地理数据的多层叠加,还有拓扑关系、树图等异形图表可以自由搭配。

DataV能够接入包括阿里云分析型数据库、关系型数据库、本地CSV上传和在线API等多种数据源接入,且支持动态请求,满足各类大数据实时计算、监控的需求,充分发挥大数据计算的能力。

DataV提供多种的业务模块级而非图表组件的Widget,所见即所得式的配置方式,无须编程能力,只需要通过拖拽即可创造出专业的可视化应用。

DataV特别针对拼接大屏端的展示做了分辨率优化,能够适配非常规拼接分辨率并做适配优化。创建的可视化应用能够发布分享,没有购买DataV产品的用户也可以访问。

2) 百度Sugar

Sugar是百度云推出的敏捷BI和数据可视化平台,目标是解决报表和大屏的数据BI分析和可视化问题,解放数据可视化系统的开发人力。Sugar提供界面优美、体验良好的交互设计,通过拖拽图表组件可实现5min搭建数据可视化页面,并对数据进行快速的分析。通过可视化图表及强大的交互分析能力,企业可使用Sugar有效助力自己的业务决策。

平台支持直连多种数据源(Excel/CSV、MySQL、SQL Server、PostgreSQL、Oracle、GreenPlum、Kylin、Hive、Spark SQL、Impala、Presto、Vertica等),还可以通过API、静态JSON方式绑定可视化图表的数据,简单灵活。大屏与报表的图表数据源可以复用,用户可以方便地为同一套数据搭建不同的展示形式。

Sugar分SaaS在线版和私有部署版两种定价方式。SaaS在线版分大屏尝鲜版、基础版和高级版三个版本计价收费,目前Sugar云上SaaS版为所有用户提供30天的免费试用期;私有部署版License授权,按年购买及一次性买断三种方式进行收费,目前也提供45天的部署测试和试用。

3) FineReport

FineReport是一款纯Java开发的报表软件,通过简单拖拽操作便可以设计复杂的报表,并搭建数据决策分析系统。

作为国内报表软件著名品牌,FineReport有着"专业、简捷、灵活"等特点。帆软数据大屏既秉承了帆软产品的优良特性,又在布局、展示和交互上做出了突破性的创新,具有如下特点。

(1) 异构数据源轻松整合。同一个大屏看板可以轻松整合ERP/OA/MES等多业务系统的数据,打破信息孤岛,进行综合展示分析,让决策更清晰。

(2) 海量可视化图表。数十种的可视化图表效果,包括柱形图、折线图、雷达图、散点图和词云图等,可展示多样数据信息,满足不同人群的阅读偏好。

(3) 拖拽设计自由布局。布局方式多样化,包括自适应布局、绝对布局和标签页布局,还能实现多标签轮播,自由发挥创意;零编码拖拽式操作,多种图表、控件、表格等组件任意摆放。

(4) 自适应多屏。在自适应布局下,仅需设计一次模板,即可在手机、平板、PC、大屏等多种设备上自适应展示,帮助用户随时随地掌握各类数据。

(5) 丰富的数据地图类型。基于 GIS 地图层进行数据展示,支持集成百度、谷歌等 GIS 地图,同时支持自定义 GIS 主题风格;地图类型包括钻取地图、点地图、区域地图、流向地图和组合地图等,同时也支持自定义图片地图,助力搭建高水准可视化大屏。

(6) 炫酷的可视化特效。基于 WebGL 等技术开发了大屏图表插件,通过简单拖拽即可实现自动播放、三维动画特效等多种效果;图表类型包括三维组合地图、GIS 点地图、流向地球、时间齿轮和目录齿轮等,可以让大屏展示效果更加炫酷。

(7) 数据钻取联动分析。支持业务互动,包括不限层次的钻取、多维度的联动分析、轮播时自动联动其他组件等,能够协助用户更好地发现并分析业务问题。

8.2.6 数据可视化进阶工具

若想实现高水平和定制的数据可视化,还需要掌握如下更高阶的工具和开放语言。

1) Processing

Processing 是一个数据可视化环境,具有一个简单的接口、一个功能强大的语言以及一套丰富的用于数据以及应用程序导出的机制。目前,Processing 已经有了多种语言的支持,其中包括 Javascript、Python 和 R 等。

Processing 软件是免费和开源的,并且可以在 Mac、Windows 和 GNU/Linux 平台上运行,官方网址:https://processing.org/。

2) R

R 是一种数据分析语言,R 语言的扩展性非常高,目前数据分析中用到的方法,在 R 语言中都可以找到相应的一个实现的包,使数据分析工作非常简便。

ggplot2 的出现让 R 成功跻身于可视化工具的行列,作为 R 中强大的作图软件包,ggplot2 的优势在其自成一派的数据可视化理念。它将数据、数据相关绘图、数据无关绘图分离,并采用图层式的开发逻辑,且不拘泥于规则,各种图形要素可以自由组合,使数据可视化工作变得非常轻松而有条理。

R 语言的主要缺点是在执行大数据复杂运算任务时,速度慢,对于日常一般的使用不构成威胁。

R 语言是免费的开源软件,其官方网站是 https://www.r-project.org/。

3) Python

Python 是一个高层次的结合了解释性、编译性、互动性和面向对象的脚本语言。Python 是一种通用的编程语言,开源、灵活、功能强大且易于使用。python 最重要的特性之一是其用于数据处理和分析任务的丰富实用程序和库集。

Python 可视化库可以大致分为基于 Matplotlib 的可视化库和基于 JS 的可视化库两大类。

(1) 基于 Matplotlib 的可视化库。Matplotlib 是第一个 Python 可视化库,也是使用最广泛的可视化工具之一。它参考 MATLAB 对低级命令进行了封装,有着非常强大的功能,能绘制绝大多数常用的图,同时支持非常丰富的配置。

Seaborn 是基于 Matplotlib 的可视化库,它提供了一些更美观的配置选项,同时可以用更简单的代码来创建复杂的图。Seaborn 封装了很多统计绘图函数,使得在做数据分析时非常方便。

Pandas 也基于 Matplotlib,并提供较为简单的 API 绘制图形,如 Pandas.tools.plotting。其使用 Pandas DataFrame 进行绘图,这使得可以使用 Pandas 从分析到绘图无缝衔接。不过想要对图进行进一步的调整,就需要跳入 Matplotlib 进行设置,而无法完全通过 Pandas 进行操作。

(2) 基于 JS 的可视化库。基于 Matplotlib 的可视化工具存在一个很明显的缺点,是其绘图处理速度低,尤其是在实时交互和图形快速更新等方面。相对于 Matpltolib 来说,基于 JS 开发的可视化库的交互可视化功能是它的主要优势。

Bokeh 和 HoloViews 是开源的交互式可视化库。HoloViews 用于即时可视化数据的声明对象,从方便的高级规范构建 Bokeh 图;Bokeh 致力于在现代 Web 浏览器中生成可视化效果。它旨在进行交互式 Web 可视化。

Plotly 是企业级分析和可视化的在线工具,其基于开源的可视化框架 Dash,并提供了很多语言(如 MATLAB、Python、R 等)的接口,并与 Pandas 无缝集成。

Cufflinks 将 Plotly 直接绑定到 Pandas 数据帧。结合了 Pandas 的灵活性,比 Plotly 更有效,语法甚至比 Plotly 简单。

GeoViews 专门用于可视化的地理数据,可以与 HoloViews 对象混合和匹配。

Folium 建立在 Python 生态系统的数据优势和 Leaflet.js 库的映射优势之上,可以在 Python 中操作数据,然后通过 Folium 在 Leaflet 地图中将其可视化。

Altair 类似 Seaborn 用于统计可视化,是一种声明性统计可视化库,是 JavaScript 的高级可视化库 Vega-Lite 的包装器。Altair 的 API 也是基于图形语法的,数据围绕 Pandas Dataframe 构建。

8.3 数据可视化常用图表

8.3.1 数据可视化图表选择

数据可视化具体来说就是图表的设计,首先面临图表选择的问题。Andrew Abela 将图表展示的关系分为四类:比较、分布、构成、联系,然后根据这个分类和数据的状况给出了对应的图表类型建议,如图 8-2 所示。

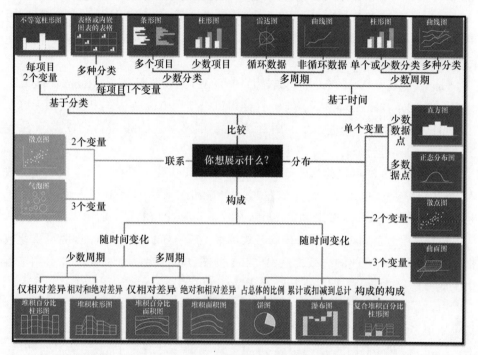

图 8-2 图表建议思维指南

在选用图表前首先应想清楚要表达什么关系,可以从以下五个方面具体考虑:

(1) 是否需要比较数据?图表很适合于多个数据集的对比。通过柱状图、条形图、百分比图、线形图、散点图、子弹图等图表,可以轻易地看到数据的高低。

(2) 是否需要了解数据的分布?直方图、正态分布图、散点图、曲面图等图表类型能够帮助人们清晰地理解正常趋势、正常范围和异常值。

(3) 是否需要展示数据的构成?饼状图、堆叠条形图、堆叠柱形图、面积图、瀑布图等图表类型主要用于展示数据的所有组成部分。

(4)是否需要了解更多数据集之间的关系?散点图、气泡图和线形图是最常见的关系图形,适合显示一个变量与单个或多个不同变量之间的关系。

8.3.2 典型图表类型

最常见的图表类型有以下五种,涵盖了绝大部分的使用场景。

1)曲线图/折线图

曲线图/折线图主要用来反映时间变化趋势,显示随时间(根据常用比例设置)而变化的连续数据,因此非常适用于显示在相等时间间隔下数据的趋势,如图8-3所示装备动用消耗图,显示了某车辆装备的年动用消耗变化曲线。

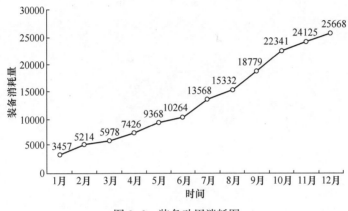

图8-3 装备动用消耗图

2)柱状图

柱状图用来反映分类项目之间的比较,也可以用来反映时间趋势。柱状图可以显示一段时间内的数据变化或显示各项之间的比较情况,主要使用颜色进行类型区分。柱形图适合用来显示在连续间隔或特定时间段内的数据分布,有助于估计数值集中位置、上下限值以及确定是否存在差距或异常值,有时也可粗略显示概率分布。

图8-4显示出某单位3台车辆装备近6年的动用消耗情况变化。

3)饼图

饼图用来反映构成,显示每一数值相对于总数值的大小,有时也可用环形图或玫瑰图来表示,图8-5显示的是以环形图表示的某单位装备保障技术人员的年龄分布情况。

4)散点图

散点图用于反映相关性或分布关系。某工厂对其出厂的1000台车辆进行了长期质量跟踪,统计其每千千米的故障台次,得到其散点图如图8-6所示。由图

171

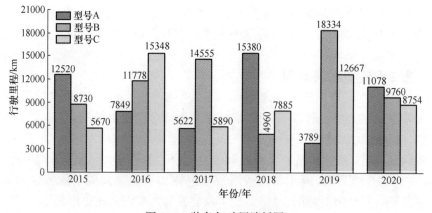

图 8-4 装备年动用消耗图

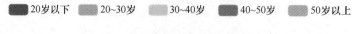

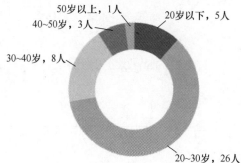

图 8-5 装备保障人员年龄分布图

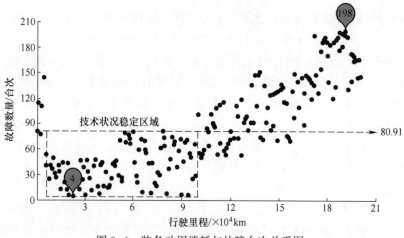

图 8-6 装备动用消耗与故障台次关系图

中可知,该型车辆初期故障较多,其技术状况稳定区域为10000~100000km,随后故障台次几乎呈现线性增长。

5)地图

地图主要用于体现地理位置上各项数据的情况,通常用来反映区域之间的分类比较。在地图上每个区域以不同深浅度的颜色表示数据变量,例如,从一种颜色渐变成另一种颜色、单色调渐进、从透明到不透明、从光到暗,甚至动用整个色谱。

8.4 基于阿里云 DataV 的装备保障可视化大屏设计

8.4.1 可视化大屏设计基本要求

大屏数据可视化是以大屏为主要展示载体的数据可视化设计。利用面积大可展示信息多的特点,通过关键信息大屏共享的方式可方便团队讨论和决策,大屏数据可视化目前主要有信息展示、数据分析、监控预警三类。

常见大屏类型包括16∶9屏、超宽屏、折叠屏、三面屏、T字屏等。大屏几乎都是拼接屏。大屏设计的基本要求如下。

(1)以业务为中心,合理展现业务指标和数据。区分主要指标和次要指标两个层次,一般主要指标反映核心业务,次要指标用于进一步阐述分析。

(2)合理布局,让业务内容更富有层次。

(3)合理配色,让观看者更舒适。配色要遵从两点基本原则:深色调和一致性。深色调是为了避免视觉刺激,一致性是让观看者更容易从屏幕中获取有用信息。

(4)增加点缀和动效,提升观感。通过适当给元素、标题、数字等添加一些诸如边框、图画等在内的点缀效果,能帮助提升大屏的整体美观度;对部分敏感信息可增加动感效果,既达到酷炫效果,又使数据特征更突出。

8.4.2 大屏设计的基本步骤

1)客户沟通,明确需求

可视化大屏开始设计之前,最重要的是跟客户进行沟通,明确用户的需求。

2)了解物理大屏,确定设计稿尺寸

一般情况下,物理大屏的设计稿尺寸要以大屏系统为准,若物理大屏分辨率过高,则可进行分辨率减半设计。

3）确定关键指标

一般情况下,一个指标在大屏上独占一块区域,所以通过关键指标定义,就知道大屏上大概会显示哪些内容以及大屏该如何布局。

确定关键指标后,根据业务需求拟定各个指标展示的优先级:主要指标位于屏幕中央;次要指标位于屏幕两侧;而主要指标的补充信息,可不显示或显示。

4）页面布局划分

尺寸和关键指标确立后,接下来要对大屏进行布局和页面的划分。页面布局的基本要求是:主次分明、条理清晰、注意留白,合理利用大屏上各个小的显示单元,并尽量避免关键数据被拼缝分割。

5）确定图表类型

图表的选择要考虑大屏最终用户,可视化结果应该是一看就懂,同时也要善用简单易实现的工具。

6）效果设计

可视化大屏的设计风格主要根据行业类型、客户喜好、具体展示指标整体搭配,但总体一般以深色为主,要根据不同使用场景和信息特征选用合理的色彩搭配方案。针对实时变化的信息或需吸引用户关注的重点信息,可适当增加动态效果。

值得指出的是,大屏的设计和应用是一个逐步完善的过程,在结合实际设备和实际应用数据展现的过程中,应根据用户的使用意见进一步修改完善。

8.4.3 基于 DataV 的装备保障可视化大屏设计

本节以阿里云 DataV 作为大屏开发工具,简要介绍一下装备保障可视化大屏的设计方法。

某单位共有轮式车辆、轮式装甲、履带装备三大类大型装备,三类装备的总数量分别为 361 台、178 台和 172 台。单位拟在某中心构建可视化大屏,以全面掌握该单位装备的完好率、动态、储备率和装备服役年限分布等情况。

基于 DataV 的装备保障可视化大屏的设计过程如下。

DataV 支持"PC 端创建""移动端创建"和"识图创建"三种方式创建大屏,其中识图创建可基于其提供的模板创建大屏,是一种简单易上手的方式。选择"识图创建"后,可在左侧选择拟创建的模板样式,如图 8-7 和图 8-8 所示。

选中模板后点击"立即生成"按钮,即可基于该模板构建自己的项目,如图 8-9 所示。

点击"创建项目",可出现如图 8-10 所示的"项目命名"对话框,随即进入如图 8-11 所示的编辑界面。

图 8-7　选择创建模板

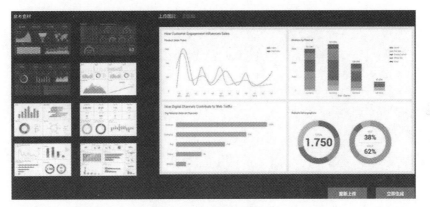

图 8-8　选择参考模板

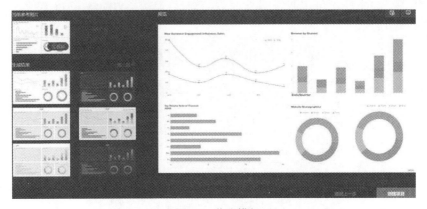

图 8-9　获取模板

从图 8-11 可知,该大屏的布局结构是一种平衡结构,基本是 2×2 的页面布局方式,可分别用于显示装备完好率、装备动态、装备储备率和装备服役年限分布等信息。

图 8-10 "项目命名"对话框

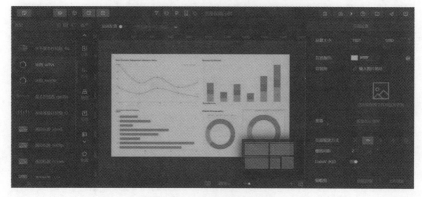

图 8-11 项目编辑界面

装备完好率变化可用曲线图表示,首先需替换数据,DataV 支持多种数据源,如图 8-12 所示。

图 8-12 数据源选择

176

按 DataV 要求的数据格式,以静态数据、CSV 文件、数据库等其他方式提供数据,并根据实际数据对数据图表样式修改后,即可得到所需要的图表,如图 8-13 所示。

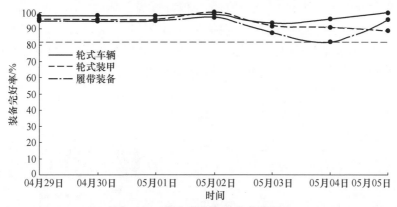

图 8-13 装备完好率变化曲线图

DataV 提供了丰富的图表,如图 8-14 所示。

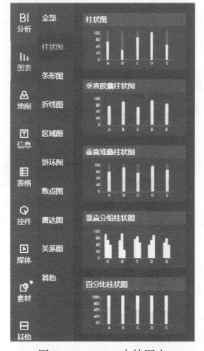

图 8-14 DataV 支持图表

开发人员根据数据的展示要求选择不同的图表,而不必受参考模板的限制。

如在装备动态显示时,三类装备中,待命、动用、保养、待/在修四种状态的装备数量非常不均衡,为清晰展现,可选择 DataV 提供的垂直胶囊柱状图;而在装备储备率情况分析时,需了解每类装备的最低储备率、平均储备率和最高储备率,DataV 提供的分组柱状图不失为一个很好的选择;同样的,为全面掌握三大类装备的服役年限情况,可选择区域图,不仅可显示各类装备小于 4 年、4~8 年、8~12 年、12~16 年及超过 16 年的装备数量,也可以通过区域面积对各服役年限阶段装备的占比情况有一个感性认识。调整修改后的大屏显示情况如图 8-15 所示。

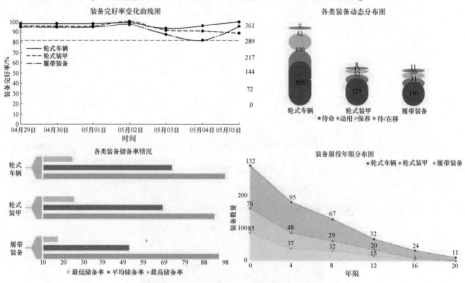

图 8-15　装备保障大屏设计初步效果

DataV 还可选用不同主题,使大屏更进一步满足实际应用要求,如图 8-16 所示。

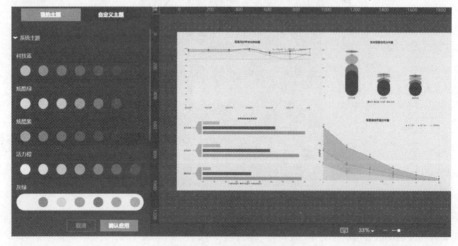

图 8-16　大屏主题设计

178

基于DataV,可以零代码设计可视化大屏,但必须指出的是,基于该方式实现的大屏在设计细节上还很难满足所有定制要求,如装备完好率曲线图中,一般要求图例和图表有一定距离,也希望y轴的数据显示能进一步缩小范围(如装备完好率可以取最低完好率和50%之间的最小值)显示,y轴坐标显示加"%"等,很多缺少对应选项设置,因此图表的设计还有点差强人意。为得到满意的设计效果,可考虑更复杂的代码设计实现方法。

第9章
装备保障信息系统安全技术

信息系统的安全涉及硬件、软件、数据、人、物理环境及其基础设施等多方面，信息系统的持续安全运行不仅需要技术和设备的支持，也需要制度和管理的配套建设，需要构建信息系统的安全体系。

本章首先对信息系统安全进行概述，然后介绍典型信息系统安全技术，最后提出装备保障信息系统的安全体系设计方案。

9.1 信息系统安全概述

9.1.1 信息系统安全的概念

信息安全是一个综合、交叉学科领域，它要综合利用数学、物理、通信和计算机等诸多学科的长期知识积累和最新发展成果，进行自主创新研究，加强顶层设计，提出系统的、完整的、协同的解决方案。信息、信息系统和信息网络都是重要资产，信息的保密性、完整性和可用性对保持竞争优势、资金流动、效益、法律符合性和商业形象都至关重要。然而，越来越多的组织及其信息系统和网络面临着计算机诈骗、间谍、蓄意破坏、火灾、水灾等大范围的安全威胁，诸如计算机病毒、计算机入侵、DOS攻击之类的手段造成的信息灾难也极为普遍和不易被察觉。

一个组织对信息系统和信息服务的依赖意味着其更易受到安全威胁的破坏，而公共和私人网络的互联及信息资源的共享也增大了实现访问控制的难度。还有，许多信息系统本身就不是按照安全系统的要求来设计的，所以仅依靠技术手段来实现信息安全有其局限性，必须得到管理和程序控制的支持。在信息系统设计阶段就将安全要求和控制一体化考虑，则成本会更低、效率会更高。

所谓信息系统安全就是依托法律法规、管理细则和维护措施，使信息系统(包括硬件、软件、数据、人、物理环境及其基础设施)受到保护，不受偶然的或者恶意的原因而遭到破坏、更改、泄露，使系统连续可靠正常地运行，信息服务不中断，最终实现业务连续性。

9.1.2 信息系统的安全目标

所有的信息安全技术都是为了达到一定的安全目标,其核心包括保密性、完整性、可用性、可控性、不可否认性和可审查性6个安全目标。

(1) 保密性(Confidentiality)是指阻止非授权的主体阅读信息。它是信息安全一诞生就具有的特性,也是信息安全主要的研究内容之一。更通俗地讲,就是说未授权的用户不能够获取敏感信息。对纸质文档信息,只需要保护好文件,不被非授权者接触即可。而对计算机及网络环境中的信息,不仅要制止非授权者对信息的阅读,也要阻止授权者将其访问的信息传递给非授权者,以致信息被泄漏。

(2) 完整性(Integrity)是指防止信息被未经授权的使用者篡改。它是保护信息保持原始的状态,使信息保持其真实性。如果这些信息被蓄意地修改、插入、删除等,形成虚假信息将带来严重的后果。

(3) 可用性(Availability)是指授权主体在需要信息时能及时得到服务的能力。可用性是在信息安全保护阶段对信息安全提出的新要求,也是在网络化空间中必须满足的一项信息安全要求。

(4) 可控性(Controlability)是指对信息和信息系统实施安全监控管理,防止非法利用信息和信息系统。

(5) 不可否认性(Non-repudiation)是指在网络环境中,信息交换的双方不能否认其在交换过程中发送信息或接收信息的行为。

(6) 可审查性(Audiability)对出现的网络安全问题提供调查的依据和手段。

信息系统安全的保密性、完整性和可用性主要强调对非授权主体的控制,而信息系统安全的可控性、不可否认性和可审查性通过对授权主体的控制,实现对保密性、完整性和可用性的有效补充,主要强调授权用户只能在授权范围内进行合法的访问,并对其行为进行监督和审查。

9.1.3 信息系统的安全威胁

信息系统面临的安全威胁来自物理环境、通信链路、网络系统、操作系统、应用系统以及管理等多个方面。

(1) 物理安全威胁是指对系统所用设备的威胁,如自然灾害、电源故障、数据库故障和设备被盗等造成数据丢失或信息泄漏。

(2) 通信链路安全威胁是指在传输线路上安装窃听装置或对通信链路进行干扰。

(3) 网络安全威胁当前主要是指由于因特网的开放性、国际性与无安全管理性,对内部网络形成的严重安全威胁。

(4) 操作系统安全威胁指的是操作系统本身的后门或安全缺陷,如"木马"和"陷阱门"等。

(5) 应用系统安全威胁是指对于网络服务或用户业务系统安全的威胁,包括应用系统自身漏洞,也受到"木马"的威胁。

(6) 管理安全威胁指的是对人员管理和各种安全管理制度的威胁。

9.1.4 信息系统的安全策略

信息系统的总体安全策略可以概括为"实体可信、行为可控、资源可管、事件可查、运行可靠"。

1) 实体可信

实体指构成信息网络的基本要素,主要有网络基础设备、软件系统、用户和数据。其中软硬设备可信是指硬件设备没有预留后门或逻辑炸弹等;用户可信是防止恶意用户对系统的攻击破坏;数据可信是指数据在传输、处理、存储等过程中是可信的,防止搭线窃听,非授权访问或恶意篡改。

2) 行为可控

行为可控主要包括用户行为可控、网络接入可控和网络行为可控三个方面。用户行为可控即保证本地计算机的各种软硬件资源(例如,内存、中断、I/O 端口、硬盘等硬件设备,文件、目录、进程、系统调用等软件资源)不被非授权使用或被用于危害本系统或其他系统的安全;网络接入可控即保证用户接入网络应严格受控,用户上网必须得到申请登记并许可;网络行为可控即保证网络上的通信行为受到监视和控制,防止滥用资源、非法外联、网络攻击、非法访问和传播有害信息等恶意事件的发生。

3) 资源可管

保证对软硬件及数据等网络资源进行统一管理。主要资源有路由器、交换机、服务器、电子邮件系统、目录系统、数据库、域名系统、安全设备、密码设备、密钥参数、交换机端口、IP 地址、用户账号、服务端口等。

4) 事件可查

保证对网络上的各类违规事件进行监控记录,确保日志记录的完整性为安全事件稽查、取证提供依据。

5) 运行可靠

保证网络节点在发生自然灾难或遭到硬摧毁时仍能不间断运行,具有容灾抗毁和备份恢复能力。保证能够有效防范病毒和黑客的攻击所引起的网络拥塞、系统崩溃和数据丢失,并具有较强的应急响应和灾难恢复能力。

9.1.5 信息安全等级保护制度

信息网络安全管理工作要坚持从实际出发、保障重点的原则,区分不同情况,分级、分类、分阶段进行信息网络安全建设和管理。按照《计算机信息系统安全保护等级划分准则》的规定,我国实行五级信息安全等级保护。

第一级:用户自主保护级,由用户来决定如何对资源进行保护,以及采用何种方式进行保护。

第二级:系统审计保护级,本级的安全保护机制支持用户具有更强的自主保护能力。特别是具有访问审计能力,即它能创建、维护受保护对象的访问审计跟踪记录,记录与系统安全相关事件发生的日期、时间、用户和事件类型等信息,所有和安全相关的操作都能够被记录下来,以便当系统发生安全问题时,可以根据审计记录,分析追查事故责任人。

第三级:安全标记保护级,具有第二级系统审计保护级的所有功能,并对访问者及其访问对象实施强制访问控制。通过对访问者和访问对象指定不同安全标记,限制访问者的权限。

第四级:结构化保护级,将前三级的安全保护能力扩展到所有访问者和访问对象,支持形式化的安全保护策略。其本身构造也是结构化的,以使之具有相当的抗渗透能力。本级的安全保护机制能够使信息系统实施一种系统化的安全保护。

第五级:访问验证保护级,具备第四级的所有功能,还具有仲裁访问者能否访问某些对象的能力。为此,本级的安全保护机制不能被攻击、被篡改,具有极强的抗渗透能力。

计算机信息系统安全等级保护标准体系包括:信息系统安全保护等级划分标准、等级设备标准、等级建设标准、等级管理标准等,是实行等级保护制度的重要基础。

9.1.6 信息系统安全技术分类

信息系统一般是由计算机系统、网络系统、操作系统、数据库系统和应用系统组成,与此对应信息系统的安全技术也包括计算机设备安全、网络安全、操作系统安全、数据库系统安全和应用系统安全等相关技术。

1)计算机设备安全

计算机设备安全主要包括计算机实体及其信息的完整性、机密性、抗否认性、可用性、可审计性、可靠性等几个关键因素,主要包括物理安全、设备安全和存储介质安全等。

物理安全是保护计算机网络设备、设施和其他媒体免遭地震、水灾、火灾等环境事故及人为操作失误或错误及各种计算机犯罪行为导致的破坏,即保证物理设备、环境等设施的安全。

设备安全包括设备的防盗和防毁、防止电磁信息泄露、防止线路截获、抗电磁干扰以及电源的保护。

存储介质安全是指介质本身和介质上存储数据的安全。

计算机设备安全主要相关的技术是可靠性技术。计算机的可靠性工作一般采用容错系统实现。容错主要用冗余设计来实现、以增加资源换取可靠性。根据冗余资源的不同,冗余技术分为硬件冗余、软件冗余、时间冗余和信息冗余,可以是元器件级、部件级的、系统级的冗余设计。典型的冗余技术有磁盘阵列、双机热备系统、集群系统等。

2) 网络安全

网络作为信息的主要收集、存储、分配、传输、应用的载体,其安全对整个信息的安全有着至关重要的作用。网络安全技术主要包括:

(1) 用于防范已知和可能的攻击行为对网络的渗透,防止对网络资源的非授权使用的相关技术,涉及防火墙、实体认证、访问控制、安全隔离、网络病毒与垃圾信息防范、恶意攻击防范等技术。

(2) 用于保护两个或两个以上网络的安全互联和数据安全交换的相关技术,涉及虚拟专用网、安全路由器等技术。

(3) 用于监控和管理网络运行状态和运行过程安全的相关技术,涉及系统脆弱性检测、安全态势感知、数据分析过滤、攻击检测与报警、审计与追踪、网络取证、决策响应等技术。

(4) 用于网络在遭受攻击、发生故障或意外情况下及时做出反应,持续提供网络服务的相关技术。常用的网络安全防御技术有防火墙、入侵检测与防护、VPN(虚拟专用网络)、安全扫描和网络蜜罐技术等。

3) 系统安全

系统安全主要包括操作系统安全和数据库系统安全。

操作系统安全就是要确保操作系统自身是安全的,它可由操作系统自身安全配置、相关安全软件及第三方安全设备实现。

数据库安全是指保护数据库以防止不合法的使用所造成的数据泄露、更改或破坏,数据库往往是一个组织最为核心的数据保护对象,与传统的网络安全防护体系不同,数据库安全技术更加注重从客户内部的角度做安全。与信息系统安全目标一样,其内涵也包括了保密性、完整性和可用性,即所谓的 CIA(Confidentiality, Integrity, Availability)三个方面。

(1) 保密性：不允许未经授权的用户存取信息。
(2) 完整性：只允许被授权的用户修改数据。
(3) 可用性：不应拒绝已授权的用户对数据进行存取。

数据库主要安全技术包括数据库安全扫描技术、数据库加密技术、数据库脱敏技术、数据库安全网关及数据库审计技术等。

4）应用系统安全

应用系统安全主要指Web应用系统的安全，是一个系统问题，包括服务器安全、Web应用服务器安全、Web应用程序安全、数据传输安全和应用客户端安全等。应用系统安全技术主要指针对Web威胁采取防护技术，包括Web访问控制技术、单点登录技术、网页防篡改技术和Web内容安全技术等。

9.2 信息系统安全技术

9.2.1 典型网络安全技术

典型的网络安全技术有防火墙技术、入侵检测技术、安全漏洞扫描技术、身份认证技术、访问控制技术和网络隔离技术等。

1. 防火墙技术

防火墙技术是指隔离在本地网络与外界网络之间的一道防御系统的总称。在互联网上防火墙是一种非常有效的网络安全模型，通过它可以隔离风险区域与安全区域的连接，同时不会妨碍人们对风险区域的访问。防火墙可以监控进出网络的通信量，仅让安全、核准了的信息进入，同时又抵制对企业构成威胁的数据。防火墙主要有包过滤防火墙、代理防火墙和双穴主机防火墙三种类型，并在计算机网络得到了广泛的应用。

一套完整的防火墙系统通常是由屏蔽路由器和代理服务器组成。屏蔽路由器是一个多端口的IP路由器，它通过对每一个到来的IP包依据组规则进行检查来判断是否对之进行转发。屏蔽路由器从包头取得信息，如协议号、收发报文的IP地址和端口号、连接标志以至另外一些IP选项，对IP包进行过滤。代理服务器是防火墙中的一个服务器进程，它能够代替网络用户完成特定的TCP/TP功能。一个代理服务器本质上是一个应用层的网关，一个为特定网络应用而连接两个网络的网关。用户就一项TCP/TP应用，如Telnet或者FTP，同代理服务器打交道，代理服务器要求用户提供其要访问的远程主机名。当用户答复并提供了正确的用户身份及认证信息后，代理服务器连通远程主机，为两个通信点充当中继。整个过程可以对用户完全透明。用户提供的用户身份及认证信息可用于用户级的认证。

防火墙应该建立在安全的操作系统之上,而安全的操作系统来自对专用操作系统的安全加固和改造,主要从以下几方面进行:取消危险的系统调用、限制命令的执行权限、取消IP的转发功能、检查每个分组的接口、采用随机连接序号、驻留分组过滤模块、取消动态路由功能、采用多个安全内核等。

防火墙可以达到以下目的:一是可以限制他人进入内部网络,过滤掉不安全服务和非法用户;二是防止入侵者接近你的防御设施;三是限定用户访问特殊站点;四是为监视网络安全提供方便。由于防火墙假设了网络边界和服务,因此更适合于相对独立的网络,例如单位局域网等相对集中的网络。因此,防火墙的作用是防止不希望的、未授权的通信进出被保护的网络。然而,防火墙不是万能的,如防火墙不能防范不经过防火墙的攻击。例如,如果允许从受保护的网络内部向外拨号,一些用户就可能形成与Internet的直接连接。另外,防火墙很难防范来自网络内部的攻击和病毒的威胁。

2. 入侵检测技术

随着网络安全风险系数不断提高,作为对防火墙及其有益的补充,入侵检测系统能够帮助网络系统快速发现攻击的发生,它扩展了系统管理员的安全管理能力(包括安全审计、监视、进攻识别和响应),提高了信息安全基础结构的完整性。

入侵检测系统是一种对网络活动进行实时监测的专用系统,它从计算机网络系统中的若干关键点收集信息,并分析这些信息,看看网络中是否有违反安全策略的行为和遭到袭击的迹象。入侵检测是防火墙之后的第二道安全闸门,在不影响网络性能的情况下能对网络进行监测,从而提供对内部攻击、外部攻击和误操作的实时保护。

理想的入侵检测系统的主要功能如下。

(1) 用户和系统活动的监视与分析。

(2) 系统配置极其脆弱性分析和审计。

(3) 异常行为模式的统计分析。

(4) 重要系统和数据文件的完整性监测和评估。

(5) 操作系统的安全审计和管理。

(6) 入侵模式的识别与响应,包括切断网络连接、记录事件和报警等。

对一个成功的入侵检测系统来讲,它不但可使系统管理员时刻了解网络系统(包括程序、文件和硬件设备等)的任何变更,还能给网络安全策略的制订提供指南。更为重要的一点是,它应该管理、配置简单,从而使非专业人员非常容易地获得网络安全。而且,入侵检测的规模还应根据网络威胁、系统构造和安全需求的变化而改变。入侵检测系统在发现入侵后,会及时作出响应,包括切断网络连接、记录事件和报警等。

通常,入侵检测系统按其输入数据的来源分为三种:基于主机的入侵检测系统，其输入数据来源于系统的审计日志，一般只能检测该主机上发生的入侵；基于网络的入侵检测系统，其输入数据来源于网络的信息流，能够检测该网段上发生的网络入侵；分布式入侵检测系统，能够同时分析来自主机系统审计日志和网络数据流的入侵检测系统，系统由多个部件组成，采用分布式结构。

3. 安全漏洞扫描技术

漏洞扫描技术是一类重要的网络安全技术。它和防火墙、入侵检测系统互相配合，能够有效提高网络的安全性。漏洞扫描是指基于漏洞数据库，通过扫描等手段对指定的远程或者本地计算机系统的安全脆弱性进行检测，发现可利用漏洞的一种安全检测（渗透攻击）行为。

漏洞扫描一般采用非破坏性方式，通常采用两种策略：被动式策略和主动式策略。所谓被动式策略就是基于主机的，对主机系统中不合适的设置、脆弱的口令，以及其他与安全规则抵触的对象进行检查；而主动式策略是基于网络的，它通过执行一些脚本文件模拟对系统进行攻击的行为并记录系统的反应，从而发现其中的漏洞。利用被动式策略的扫描称为系统安全扫描，利用主动式的策略扫描称为网络安全扫描。

漏洞扫描主要有以下四种检测技术。

（1）基于应用的检测技术采用被动式策略检查应用软件包的设置，发现安全漏洞。

（2）基于主机的检测技术采用被动式策略对系统进行检测。通常，它涉及系统的内核、文件的属性、操作系统的补丁等。这种技术还包括口令解密、把一些简单的口令剔除。因此，这种技术可以非常准确地定位系统的问题，发现系统的漏洞。它的缺点是与平台相关，升级复杂。

（3）基于目标的漏洞检测技术采用被动式策略检查系统属性和文件属性，如数据库、注册号等。通过消息文摘算法，对文件的加密数进行检验。这种技术的实现是运行在一个闭环上，不断地处理文件、系统目标、系统目标属性，然后产生检验数，把这些检验数同原来的检验数相比较。一旦发现改变就通知管理员。

（4）基于网络的检测技术采用主动式策略检验系统是否有可能被攻击崩溃。并利用一系列的脚本模拟对系统进行攻击的行为，然后对结果进行分析。它还针对已知的网络漏洞进行检验。网络检测技术常被用来进行穿透实验和安全审计。这种技术可以发现一系列平台的漏洞，但也可能会影响网络的性能。

4. 身份认证技术

身份认证技术是在计算机网络中确认操作者身份的过程而产生的有效解决方法。计算机网络世界中一切信息包括用户的身份信息都是用一组特定的数据来表示的，计算机只能识别用户的数字身份，所有对用户的授权也是针对用户数字身份的授权。如何保证以数字身份进行操作的操作者就是这个数字身份合法拥有者，也就是说保证操作者的物理身份与数字身份相对应,身份认证技术就是为了解决这个问题,作为防护网络资产的第一道关口,身份认证有着举足轻重的作用。

身份认证技术即被认证方有独特的标志,不能被伪造,是安全的第一道大门,是各种安全措施可以发挥作用的前提。身份认证技术主要有密码身份认证和生物特征身份认证。密码身份认证是一种常见的、简单的身份认证方法,每个用户都一个口令,当需要时能够通过输入用户名和密码验证身份,匹配则通过。密码认证的安全性较低,能够被猜测软件猜出,常在非网络环境下使用。生物特征身份认证,即计算机利用人体的生理或行为特征识别身份,如指纹、掌纹、视网膜等生理特征,声音、签名等行为特征。生物特征身份认证的防伪性高,有广泛的发展前景,主要应用在 Kerberos 和 HTTP 的认证服务中。

5. 访问控制技术

访问控制允许用户对限定资源的访问,能够防止无权访问的或恶意访问的用户访问。访问控制技术是重要的信息安全技术,它提高了数据的保密性。

访问控制涉及三个基本概念,即主体、客体和访问授权。主体是一个主动的实体,它包括用户、用户组、终端、主机或一个应用,主体可以访问客体。客体是一个被动的实体,对客体的访问要受控。它可以是一个字节、字段、记录、程序、文件,或者是一个处理器、存储器、网络接点等。授权访问是指主体访问客体的允许,授权访问对每一对主体和客体来说是给定的。例如,授权访问有读写、执行,读写客体是直接进行的,而执行是搜索文件、执行文件。对用户的访问授权是由系统的安全策略决定的。

目前,常用的访问控制机制有入网访问、权限控制、目录及安全控制、属性安全控制和服务器安全控制等。入网访问控制就是对进入网络的用户进行控制,包括进入网络的时间、地点等,用户有专有的账号和密码,一旦发现不匹配就拒绝其访问;权限控制,即控制用户的访问目录以及操纵范围;目录级安全控制,目录或文件的访问权限有读、写、创建、删除等,它的控制主要在于对访问权限的组合,控制用户的操作;属性控制包括复制文件、删除文件、共享等,通过设置属性以提高信息的安全性;服务器安全控制包括锁定服务器和限定登录服务器的时间。

6. 网络隔离技术

网络隔离技术的目标是隔离攻击,在确保信息安全的情况下完成信息的交换。所谓网络隔离技术是指两个或两个以上的计算机或网络在断开连接的基础上,实现信息交换和资源共享,也就是说,通过网络隔离技术既可以使两个网络实现物理上的隔离,又能在安全的网络环境下进行数据交换。网络隔离技术的主要目标是将有害的网络安全威胁隔离开,以保障数据信息在可信网络内进行安全交互。目前,一般的网络隔离技术都是以访问控制思想为策略,物理隔离为基础,并定义相关约束和规则来保障网络的安全强度。

一般情况下,网络隔离技术主要包括内网处理单元、外网处理单元和专用隔离交换单元三部分内容。其中,内网处理单元和外网处理单元都具备一个独立的网络接口和网络地址来分别对应连接内网和外网,而专用隔离交换单元则是通过硬件电路控制高速切换连接内网或外网。网络隔离技术的基本原理是通过专用物理硬件和安全协议在内网和外网之间架构起安全隔离网墙,使两个系统在空间上物理隔离,同时又能过滤数据交换过程中的病毒、恶意代码等信息,以保证数据信息在可信的网络环境中进行交换、共享,同时还要通过严格的身份认证机制来确保用户获取所需数据信息。

网络隔离技术主要分为物理隔离和逻辑隔离两大类。

1)物理隔离

物理隔离是指两个或多个网络没有相互的数据交互,没有物理层、数据链路层、IP层等层级上的接触。物理隔离的目的是保护各个网络的硬件实体和通信链路免受自然灾害、人为破坏和搭线窃听攻击。比如,内部网和公共网物理隔离,才能真正保证内部信息网络不受来自互联网的黑客攻击。客户端需要安装隔离卡,隔离卡有两种,数据隔离和电源隔离。数据隔离方式是硬盘电源接口接主板电源,数据接口接隔离卡,而电源隔离方式是硬盘电源接口接隔离卡,数据接口接主板电源。

2)逻辑隔离

逻辑隔离是指隔离的两端仍然存在物理层/数据链路层上数据通道连线,但通过技术手段保证被隔离的两端没有数据通道各个网络,不能互相访问。

逻辑隔离主要技术包括虚拟局域网(VLAN)技术、虚拟路由和转发、多协议标签转换和虚拟交换机等。

(1)VLAN工作在数据链路层,支持VLAN的交换机可以借使用VLAN标签的方式将预定义的端口保留在各自的广播区域中,从而建立多重的逻辑分隔网络。

(2)虚拟路由和转发工作在网络层。允许多个路由表同时共存在同一个路由器上,用一台设备实现网络的分区。

(3)多协议标签转换工作在网络层,使用标签而不是保存在路由表里的网络地址来转发数据包。标签是用来辨认数据包将被转发到的某个远程节点。

(4)虚拟交换机类似于物理交换机,都是用来转发数据包,但是用软件来实现,所以不需要额外的硬件,可以用来将一个网络与另一个网络分隔开来。

网络隔离技术的关键点是如何有效控制网络通信中的数据信息,即通过专用硬件和安全协议来完成内外网间的数据交换,并利用访问控制、身份认证、加密签名等安全机制来实现交换数据的机密性、完整性、可用性、可控性。如何提高不同网络间的数据交换速度,以及能够透明支持交互数据的安全性等将是未来网络隔离技术的发展趋势。

9.2.2 典型操作系统和数据库安全技术

1. 主机加固技术

操作系统或者数据库的实现会不可避免地出现某些漏洞,从而使信息网络系统遭受严重的威胁。主机加固技术对操作系统、数据库等进行漏洞加固和保护,提高系统的抗攻击能力。

操作系统平台的安全措施包括采用安全性较高的操作系统、对操作系统进行安全配置、利用安全扫描系统检查操作系统的漏洞等。

数据库作为承载关键数据的核心,普遍面临结构化查询语言(SQL)注入、数据库漏洞、默认账号和弱口令、越权访问等问题,为此,需从漏洞排查、安全加固、监控响应三个维度,对数据库进行加固和安全防护。

(1)利用数据库漏洞扫描工具,对数据库中存在的各种漏洞问题,包括 SQL 注入漏洞、权限绕过漏洞、缓冲区溢出漏洞、访问控制漏洞、拒绝服务漏洞等进行检测,在数据库受到危害之前为管理员提供专业、有效的安全分析和修补建议,解决存在的数据库漏洞问题。

(2)加强数据库准入管理,根据数据库账户、应用指纹、主机名、IP 地址、时间、操作行为、CA 认证等实现多要素身份管理,防止密码猜测和暴力破解。

(3)在数据库与应用服务器间部署数据库防火墙,对流经的数据库访问和响应数据进行解析,实时检测并主动防御阻断针对数据库的各类攻击行为和安全隐患,包括利用数据库漏洞进行攻击、利用应用程序进行 SQL 输入攻击、数据库 DDoS 攻击、假冒应用入侵、拖库/撞库、高危操作等,保障数据库及核心数据安全。

(4)利用数据安全管理中心,对各类风险行为、各类安全系统运行状态进行统一监控,以避免攻方利用未知手法进行攻击而影响服务状况,同时,一旦有各类风险行为、异常运行状态发生时,进行快速告警,针对风险源、目标、内容的分析统计,帮助应急小组在最短的时间内对告警行为进行研判,实现快速的响应处置。

对于个别行业关键业务系统,建议选择专业安全服务团队针对数据库应用系统进行渗透测试,对 MS-SQL、Orcale、MySQL,DB2 等数据库应用系统进行渗透测试,包括默认账号密码和弱口令攻击、存储漏洞过程攻击、数据库运行权限探测、提权漏洞攻击等,针对测试结果进行数据库防护加固。

2. 数据库安全技术

数据库安全技术,主要包括数据库审计、数据库防火墙、数据库漏洞扫描、数据库加密、数据脱敏、数据梳理等。

1)敏感数据梳理

敏感数据梳理是在组织网络内自动探测未知数据库、自动识别数据库中的敏感数据、数据库账户权限、敏感数据使用情况等。

2）数据库漏洞扫描

数据库漏洞扫描是专门对数据库系统进行自动化安全评估的专业技术，通过数据库漏洞扫描能够有效地评估数据库系统的安全漏洞和威胁并提供修复建议。

3）数据库防火墙

数据库防火墙一般采用主动防御机制，通过学习期行为建模，预定义风险策略，并结合数据库虚拟补丁、注入规则和应用关联防护机制，实现数据库的访问行为控制、高危风险阻断和可疑行为审计。

4）数据库安全运维

数据库安全运维主要面向数据库运维人员，主要用于数据库等安全加固与访问管控，可以对运维行为进行流程化管理，提供事前审批、事中控制、事后审计、定期报表等功能，将审批、控制和追责有效结合，避免内部运维人员的恶意操作和误操作行为，解决运维账号共享带来的身份不清问题，确保运维行为在受控的范畴内安全高效地执行。

5）数据库加密

数据库加密从技术角度一般可以分为列加密和表加密两种，能够实现对数据库中的敏感数据加密存储、访问控制增强、应用访问安全、密文访问审计以及三权分立等功能。通过数据加密能够有效防止明文存储引起的数据内部泄密、高权限用户的数据窃取，从根源上防止敏感数据泄漏。

6）数据库脱敏

数据库脱敏是一种采用专门的脱敏算法对敏感数据进行变形、屏蔽、替换、随机化、加密，并将敏感数据转化为虚构数据的技术。按照作用位置、实现原理不同，数据脱敏可以划分为静态数据脱敏和动态数据脱敏。

7）数据库审计

数据库审计能够实时记录网络上的数据库活动，对数据库操作进行细粒度审计。除此之外，数据库审计还能对数据库遭受到的风险行为进行告警，如：数据库漏洞攻击、SQL注入攻击、高危风险操作等。数据库审计技术一般采用旁路部署，通过镜像流量或探针的方式采集流量，并基于语法语义的解析技术提取SQL中相关的要素(用户、SQL操作、表、字段等)进而实时记录来自各个层面的所有数据库活动，包括：普通用户和超级用户的访问行为请求，以及使用数据库客户端工具执行的操作。

9.2.3 其他信息系统安全技术

1. 数据加密技术

数据加密技术是为提高信息系统及数据的安全性和保密性，防止秘密数据被外部破析所采用的主要技术手段之一。随着信息技术的发展,网络安全与信息保密日益引起人们的关注。目前各国除了从法律上、管理上加强数据的安全保护外,从技术上分别在软件和硬件两方面采取措施,推动着数据加密技术和物理防范技术的不断发展。按作用不同,数据加密技术主要分为数据传输、数据存储、数据完整性的鉴别以及密钥管理技术四种。

1) 数据传输加密技术

数据传输加密技术主要是对传输中的数据流进行加密,常用的有链路加密、节点加密和端到端加密三种方式。链路加密的目的是保护网络节点之间的链路信息安全;节点加密的目的是对源节点到目的节点之间的传输链路提供保护;端到端加密的目的是对源端用户到目的端用户的数据提供保护。

2) 数据存储加密技术

数据存储加密主要是防止在存储环节上的数据失密,可分为密文存储和存取控制两种。前者一般是通过加密算法转换、附加密码、加密模块等方法实现;后者则是对用户资格、权限加以审查和限制,防止非法用户存取数据或合法用户越权存取数据。

3) 数据完整性鉴别技术

数据完整性鉴别主要是对介入信息的传送、存取、处理的人的身份和相关数据内容进行验证,达到保密的要求,一般包括口令、密钥、身份、数据等项的鉴别,系统通过对比验证对象输入的特征值是否符合预先设定的参数,实现对数据的安全保护。

4) 密钥管理技术

为了数据使用的方便,数据加密在许多场合集中表现为密钥的应用,因此密钥往往是保密与窃密的主要对象。密钥的媒体有磁卡、磁带、磁盘、半导体存储器等。密钥的管理技术包括密钥的产生、分配保存、更换与销毁等各环节上的保密措施。

2. 病毒防护技术

计算机病毒(包括木马,恶意软件)历来是信息系统安全的主要问题之一。由于网络的广泛互联,病毒的传播途径和速度大大加快。

病毒的传播途径如下。

(1) 通过移动存储设备进行病毒传播,如 U 盘、CD、软盘、移动硬盘等。

(2) 通过网络来传播,如网页、电子邮件、即时通信、FTP 等。

(3) 利用计算机系统和应用软件的漏洞传播。

在实际应用中,病毒通常同时借助上述多种途径进行传播。

病毒防护技术主要通过如下方式实现网络和系统的防护。

(1) 阻止病毒的传播。在防火墙、代理服务器、SMTP 服务器、网络服务器、群件服务器上安装病毒过滤软件;在桌面 PC 和移动终端上安装杀毒软件。

（2）检查和清除病毒。使用防病毒软件检查和清除病毒。

（3）对病毒数据库进行升级。病毒数据库应不断更新，并下发到桌面系统。

（4）在防火墙、代理服务器及 PC 和移动终端上安装控制扫描软件，禁止未经许可的控件下载和安装。

3. 数据修复技术

存储在硬盘、光盘、软盘、U 盘等计算机存储设备中的信息如果丢失或被破坏而又没有备份，则是让人非常头痛的事情。由于采取一般的手段很难恢复，因此数据修复成为许多人关注的难点和热点。

国家信息中心已经在信息安全领域积累了丰富的经验，并具有了一定实力。其所属的信息安全研究与服务中心在引进国际先进的数据修复技术的基础上，自主开发了适合中国计算机用户的数据修复技术并达到了国内先进水平，已经可以提供数据修复服务。

DRS 数据修复是采用硬件检修处理和数据重组的特殊技术来修复受损数据，这种方法可以最大可能地恢复原有数据并做到三个"不限"。

（1）不限故障类型：不论是由病毒、系统故障、误操作、升级或安装软件等逻辑损坏，还是由于意外事故、电击、水淹、火烧、撞击、机械故障等硬件原因造成的数据丢失均可修复。

（2）不限存储介质：包括计算机硬盘、软盘、计算机磁带、各种光盘、磁盘阵列、移动硬盘、U 盘等移动存储设备，数码相机的存储卡在内的各类存储介质。

（3）不限系统平台：包括 DOS、不同版本的 Windows、Linux、UNIX 等操作系统平台。该公司数据修复总成功率达到了 80% 以上，软件故障修复成功率达到了 98%。

数据修复技术除可以用于存储设备数据恢复以外，还可用于计算机类设备的数据彻底删除、协助执法机关恢复已被破坏的计算机数据及提供与案件相关的电子资料证据。由于病毒的猖獗，计算机内部软件、数据被破坏的可能性大大增加，长期保存的数据也可能丢失或损坏，而多数人还不了解这方面的情况。计算机数据修复有较大需求，仅 2004 年第三季度北京新注册的数据恢复公司就有 10 多家，已经成为信息安全新热点。

4. 系统容灾技术

一个完整的网络安全体系，只有"防范"和"检测"措施是不够的，还必须具有灾难容忍和系统恢复能力。因为任何一种网络安全设施都不可能做到万无一失，一旦发生漏防漏检事件，其后果将是灾难性的。此外，天灾人祸、不可抗力等所导致的事故也会对信息系统造成毁灭性的破坏。这就要求即使发生系统灾难，也能快速地恢复系统和数据，才能完整地保护网络信息系统的安全。主要有基于数据备份和基于系统容错的系统容灾技术。

数据备份是数据保护的最后屏障,不允许有任何闪失,但离线介质不能保证安全,数据容灾通过 IP 容灾技术来保证数据的安全。数据容灾使用两个存储器,在两者之间建立复制关系,一个放在本地,另一个放在异地。本地存储器供本地备份系统使用,异地容灾备份存储器实时复制本地备份存储器的关键数据。二者通过 IP 相连,构成完整的数据容灾系统,也能提供数据库容灾功能。

集群技术是一种系统级的系统容错技术,通过对系统的整体冗余和容错来解决系统任何部件失效而引起的系统死机和不可用问题。集群系统可以采用双机热备份、本地集群网络和异地集群网络等多种形式实现,分别提供不同的系统可用性和容灾性。其中异地集群网络的容灾性是最好的。

存储、备份和容灾技术的充分结合,构成一体化的数据容灾备份存储系统,是数据技术发展的重要阶段。随着存储网络化时代的发展,传统的功能单一的存储器,将越来越让位于一体化的多功能网络存储器。

5. 信息安全审计技术

信息安全审计是收集、评估证据,用以决定网络与信息系统是否能够有效、合理地保护资产、维护信息的完整性和可用性,防止有意或无意的人为错误,防范和发现计算机网络犯罪活动。

要实现信息安全审计,保障计算机信息系统中信息的机密性、完整性、可控性、可用性和不可否认性(抗抵赖),需要对计算机信息系统中的所有网络资源(包括数据库、主机、操作系统、网络设备、安全设备等)进行安全审计,记录所有发生的事件,提供给系统管理员作为系统维护以及安全防范的依据。

信息安全审计包含日志审计和行为审计,通过日志审计协助管理员在受到攻击后察看网络日志,从而评估网络配置的合理性、安全策略的有效性,追溯分析安全攻击轨迹,并能为实时防御提供手段。通过对员工或用户的网络行为审计,确认行为的合规性,确保管理的安全。信息安全审计按照不同的审计角度和实现技术进行划分,可分为合规性审计、日志审计、网络行为审计、主机审计、应用系统审计和集中操作运维审计六大类。

1) 合规性审计

一般来说,信息安全审计的主要依据为信息安全管理相关的标准。例如,ISO/IEC 27000、COSO、COBIT、ITIL、NISTSP 800 系列、国家等级保护相关标准、企业内控规范等。安全合规性审计指在建设与运行信息系统中的过程是否符合相关的法律、标准、规范、文件精神的要求一种检测方法。根据相关标准、法规进行合规性安全审计,起到标识事件、分析事件、收集相关证据,从而为策略调整和优化提供依据。

2) 日志审计

基于日志的安全审计技术是通过 SNMP、SYSLOG 或者其他的日志接口从网络设备、主机服务器、用户终端、数据库、应用系统和网络安全设备中收集日志,对收集的日志进行格式标准化、统一分析和报警,并形成多种格式和类型的审计报表。

3) 网络行为审计

基于网络技术的安全审计是通过旁路和串接的方式实现对网络数据包的捕获,继而进行协议分析和还原,可达到审计服务器、用户终端、数据库、应用系统的安全漏洞、合法、非法或入侵操作,监控上网行为和内容,监控用户非工作行为等目的。网络行为审计更偏重于网络行为,具备部署简单等优点。

4) 主机审计

主机安全审计是通过在主机服务器、用户终端、数据库或其他审计对象中安装客户端的方式来进行审计,可达到审计安全漏洞、审计合法和非法或入侵操作、监控上网行为和内容以及向外拷贝文件行为、监控用户非法行为等目的。主机审计包括了主机的漏洞扫描产品、主机防火墙和主机IDS/IPS的安全审计功能、主机上网和上机行为监控、终端管理等类型的产品。

目前,主机安全审计可以与认证系统如令牌、PKI/CA、RADIUS(远程认证拨号用户服务)等结合部署,达到用户访问控制和登录审计的效果。

5) 应用系统审计

应用系统安全审计是对用户在业务应用过程中的登录、操作、退出的一切行为通过内部截取和跟踪等相关方式进行监控和详细记录,并对这些记录进行按时间段、地址段、用户、操作命令、操作内容等分别进行审计。

6) 集中操作运维审计

集中操作运维审计侧重于对网络设备、服务器、安全设备、数据库的运行维护过程中的风险审计。

9.3 装备保障信息系统安全体系设计

装备保障信息系统安全体系的设计与实现应根据装备保障信息系统运行和维护所面临的风险所定,不仅要理解装备保障信息系统安全管理的要求,用最小的投入得到最大的回报,同时也要为信息系统的安全运维管理提供易于操作的平台。

9.3.1 信息系统安全体系的建设原则

信息系统安全包括保密性、完整性、可用性、可控性和不可否认性等五个核心安全目标。为了达到信息系统安全的目标,信息系统安全体系的建设必须坚持一些基本的原则。

1. 最小化原则

受保护的敏感信息只能在一定范围内被共享,履行工作职责和职能的安全主体,在法律和相关安全策略允许的前提下,为满足工作需要。仅被授予其访问信息的适当权限,称为最小化原则。

2. 分权制衡原则

在信息系统中,对所有权限应该进行适当地划分,使每个授权主体只能拥有其中的一部分权限,使他们之间相互制约、相互监督,共同保证信息系统的安全。如果一个授权主体分配的权限过大,无人监督和制约,就隐含了"滥用权力""一言九鼎"的安全隐患。

3. 安全隔离原则

隔离和控制是实现信息安全的基本方法,而隔离是进行控制的基础。信息安全的一个基本策略就是将信息的主体与客体分离,按照一定的安全策略,在可控和安全的前提下实施主体对客体的访问。在这些基本原则的基础上,人们在生产实践过程中还总结出的一些实施原则,他们是基本原则的具体体现和扩展。包括:整体保护原则、谁主管谁负责原则、适度保护的等级化原则、分域保护原则、动态保护原则、多级保护原则、深度保护原则和信息流向原则等。

9.3.2 信息系统安全保障体系

信息系统安全是通过在安全策略、安全组织、安全运行、技术和基础架构支持等方面的调整和改进,从组织、业务流程和技术层面建立有效、可持续运营、符合业界标准的管理措施和解决方案,有效管理风险,确保主要信息系统安全风险持续达到安全可控的水平。

信息系统安全管理的本质是对信息安全风险的动态有效管理和控制,在信息系统安全保障体系框架中,要充分体现风险管理的理念,其基本结构如图9-1所示。

1. 装备保障信息系统安全策略

以风险管理为核心理念,从长远发展规划和战略角度通盘考虑装备保障信息网络建设安全。此项位于整个体系架构的最上层,起到总体的战略性和方向性指导的作用。

2. 装备保障信息系统安全政策和标准

信息系统安全政策和标准是对信息系统安全策略的逐层细化和落实,包括管理、运作和技术三个不同层面,在每一层面都有相应的安全政策和标准,通过落实标准政策规范管理、运作和技术,以保证其统一性和规范性。当三者发生变化时,相应的安全政策和标准也需要调整相互适应,反之,安全政策和标准也会影响管

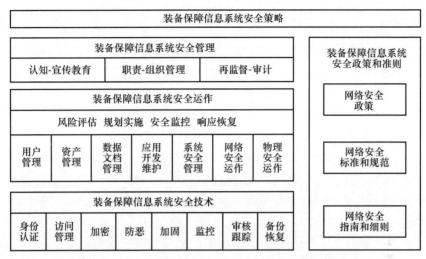

图 9-1 装备保障信息系统安全保障体系框架结构

理、运作和技术。

3. 装备保障信息系统安全运作

信息系统安全运作基于风险管理理念的日常运作模式及其概念性流程(风险评估、安全控制规划和实施、安全监控及响应恢复),是信息系统安全保障体系的核心,贯穿信息系统安全始终,也是信息系统安全管理机制和技术机制在日常运作中的实现,涉及运作流程和运作管理。

4. 装备保障信息系统安全管理

信息系统安全管理是体系框架的上层基础,对信息系统安全运作至关重要,需要从人员、意识、职责等方面保证信息系统安全运作的顺利进行。信息系统安全通过运作体系实现,而信息系统安全管理体系是从人员组织的角度保证正常运作,信息系统安全技术体系是从技术角度保证运作。

5. 装备保障信息系统安全技术

信息系统安全运作需要的信息系统安全基础服务和基础设施的及时支持。先进完善的信息系统安全技术可以极大提高信息系统安全运作的有效性,从而达到信息系统安全保障体系的目标,实现整个生命周期(预防、保护、检测、响应与恢复)的风险防范和控制。

6. 外围

外围主要包括法律法规、标准的符合性和风险管理。

9.3.3 信息系统安全技术体系

IBM 提出的"企业信息安全框架"（Enterprise Security Framework v5.0，ESF v5.0），其核心目的是在 IT 系统已经成为企业业务的运营平台之际，如何在企业无比复杂的信息环境中，对企业的信息安全进行全面的把控。ESF v5.0 为企业提供了一个整合的、标准化的企业级信息安全建设的范本，企业可以基于这一框架迅速定位目前企业安全能力的现状，并以这一框架为指导，对企业未来信息安全的各个平台进行设计和实施。

在装备保障信息系统安全技术体系的设计上，需要考虑到当前装备保障信息系统中常见的信息安全弱点，同时针对信息安全评估得出的详细信息安全风险进行信息安全加固，每一个信息安全弱点都有相关的攻击手段与之相对应的信息安全技术支持。结合部队装备保障信息系统的建设和应用实际，参考 ESF v5.0 和如图 9-1 所示的信息系统安全保障体系，构建的装备保障信息系统安全技术体系如图 9-2 所示，其信息系统安全技术主要包括物理安全、基础架构安全、身份/访问安全、数据安全和应用安全五个方面。

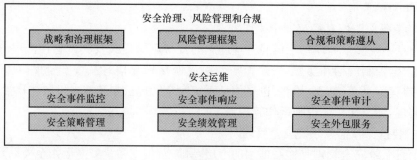

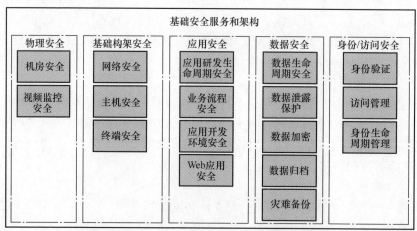

图 9-2 装备保障信息系统安全技术体系

9.3.3.1 物理安全

物理安全即保护组织的物理基础设施可能指防护或预防对因某一故障或物理基础设施的损失而造成的对业务连续性的可能影响。物理基础设施即硬件平台的安全,包括通信线路的安全,物理设备的安全和机房的安全等。物理层的安全主要体现在通信线路的可靠性(线路备份、网管软件、传输介质),软硬件设备安全性(替换设备、拆卸设备、增加设备),设备的备份,防灾害能力,防干扰能力,设备的运行环境(温度、湿度、烟尘),不间断电源保障等。

计算机机房,部队通常称为信息中心,IT 系统基本上都部署在计算机机房内,机房的物理安全是信息系统整体安全框架中非常重要的部分,计算机机房物理安全涉及计算机机房物理环境的防护、计算机机房场地安全和操作室场地安全三方面。计算机机房的物理安全应该在数据中心设计、建设的阶段就规划好、部署好,并且在机房投入运行后由内部或外部的专业人员定期进行检查、评估,以保障相应措施的合理性、有效性,降低安全风险。

9.3.3.2 基础架构安全

随着部队信息化的发展和深入,日趋复杂的信息系统对部队的 IT 基础架构提出了更多的要求。安全漏洞、黑客侵袭、人为错误、病毒干扰、信息泄漏、混合威胁……种种来自内部、外部的问题,使部队的 IT 基础架构的安全难以得到保障。

1. 网络及边界安全

部队应该从三个层面考虑网络安全,即网络架构安全、网络安全技术部署和网络设备安全配置,并通过不断的评估和优化提高部队整体的网络安全水平。

1) 网络架构安全

主要包括安全域划分和安全边界定义、结构冗余性、服务器和终端桌面的安全接入等内容。

2) 网络安全技术

主要包括:

(1) 访问控制技术,包括防火墙/访问控制列表(ACL)、网络准入控制(NAC)、广域网流量控制等。

(2) 防病毒/防黑客技术,包括防病毒、入侵防护系统、Web 应用防火墙等。

(3) 内容安全技术,包括虚拟专用网(VPN)、防泄漏(DLP)、垃圾邮件防护、网页过滤等。

(4) 认证和授权技术,包括网络设备接入、VPN 接入及无线网接入的认证和授权。

(5) 审计跟踪技术,包括漏洞扫描系统和安全事件管理平台等。

3）网络/安全设备配置/维护

主要包括：

（1）定义正确适用的安全策略/访问策略。

（2）定期扫描，发现网络/安全设备中的漏洞，及时升级和为系统打补丁。

（3）安全报警及时处理。

2. 主机安全防护

主机安全防护应从网络层、应用层、内容安全、安全管理等多个层面加以考虑。主要目的是对主机节点进行全面防护，与网络安全防护配合，形成有层次的立体防御体系。

1）网络层安全防护

主机系统抵御网络攻击的技术主要有四种，包括主机防火墙、主机入侵防护、缓冲区溢出保护和主机防病毒。

2）应用层安全防护

应用程序安全防护用来保护主机免受基于应用的攻击。应用程序控制技术能够在攻击的开始阶段保护主机免受威胁，应用程序控制能通过策略制订和静态规则来减小受攻击面。另外，应用程序控制还可以主动限制主机运行、联网应用程序，起到一定的主动安全防御的作用。

3）内容安全防护

这里的内容主要指主机系统中的重要文件、数据、信息等。在主机系统的安全防护工作中，内容属于需要重点保护的核心资产。内容安全防护的主要目标是防止重要文件被破坏，包括篡改、非法访问和使用，以及数据损坏和丢失等。内安全防护通过对关键文件的实时审计和监控，结合终端的数据加密、数据防泄露等技术，实现以上防护目标。

4）安全管理

主机系统作为运行信息系统重要应用，保存重要数据的节点，其运行情况、被访问情况、系统配置和维护情况、自身安全情况都需要得到全面的管理。通常涉及主机弱点管理、补丁管理、主机系统日志/应用日志审计和安全事件管理及响应等方面。

3. 终端安全

根据终端安全的需求，企业应采用先进的管理技术和完善的管理制度建立统一的终端安全的监控、管理系统，提高终端设备的管理效率，保护终端安全，从而保障网络和信息系统的安全，具体包括终端基础安全、终端数据安全、终端系统维护、安全管理配置等方面。

1）终端基础安全

入侵防护系统提供主动防护，可对各种入侵行为和攻击性流量进行拦截，阻止各种网络攻击行为的发生。

运用防火墙,实施访问控制策略的系统,对流经的网络流量进行检查,拦截不符合安全策略的数据包。在不妨碍终端正常通信的同时,能够阻止其他用户对计算机的非法访问。

针对已知病毒、木马、蠕虫提供保护,检测、移除间谍软件。

2) 终端数据安全

采用网络准入控制,自动阻断非法主机或者不合规(如防毒软件版本)的主机接入网络。

防泄漏,杜绝终端主机上的敏感或机密信息和文件被盗取。

提供加密的能力,实现对重要/机密文件在存储、传播过程中可能产生的泄密风险进行控制。

3) 安全配置管理

帮助终端安全地配置系统,也可和各种法律法规的配置检查清单相结合。

主要实现桌面终端安全防护策略、桌面终端接入策略、桌面终端网络外联策略、U 盘等外设使用策略等。

利用由标准组织提供的安全专业能力和指导方针,通过基于法规遵从的配置检查清单安全地配置系统。监控桌面终端是否符合遵从企业制定的安全策略。

4) 终端系统维护

(1) 资产管理:能够通过管理软件自动收集形成软、硬件信息清单,可对终端的硬件和软件资产变更进行审计和处理,统计软件许可使用情况。

(2) 补丁管理:自动监控和向终端分发各种补丁,包括操作系统和各种应用程序的补丁。

(3) 软件分发/删除:通过制定有效的软件分发策略和分发机制,以及操作系统定制,实现户特定应用软件和操作系统的自动安装。

(4) 电源管理:通过终端电源管理,在获得最大电源节约的同时,避免中断 IT 系统管理,减少碳排放。

9.3.3.3 身份和访问安全

身份和访问安全通常定义为身份验证、访问管理和身份生命周期管理三部分。要想在物理和逻辑环境中有效地进行身份管理和访问管理,就必须在整个身份生命周期中管理用户身份和资源访问权限。

身份生命周期管理是指维护和更新数字身份的一整套过程和技术,主要包括用户的注册、验证、配置、重新验证和取消配置;身份认证指的是对实体身份的证实,用以识别合法或者非法的实体,阻止非法实体假冒合法实体窃取或者访问网络资源;访问控制包括访问和隐私控制、角色管理、单点登录(SSO)和审计访问授权等,访问授权可在用户的整个生命周期内(跨多个环境和安全域)及时地提供访问。

身份管理与认证的功能范围主要包括身份管理与认证授权部分。集中身份管理与统一认证授权服务具体包含以下三方面的主要功能。

(1) 集中身份管理——主要通过对现有分散式的用户身份目录服务以及应用系统中的身份数据进行管理,形成以用户身份为中心的统一身份视图,实现对信息系统用户身份信息集中的创建、修改、删除等操作,同时形成并维护用户身份与具体应用系统账号的对应关系。

(2) 统一身份存储——统一存储实现统一认证授权所需要的身份数据,提供身份信息的查询、验证等功能。

(3) 统一认证授权——主要通过与应用系统中的认证执行模块的集成,验证用户提交的身份及鉴别信息,并支持用户身份的强认证。

9.3.3.4 数据安全

数据安全有两方面的含义:一是数据本身的安全,主要是指采用现代密码算法对数据进行主动保护,如数据保密、数据完整性、双向强身份认证等;二是数据防护的安全,主要是采用现代信息存储手段对数据进行主动防护,如通过磁盘阵列、数据备份、异地容灾等手段保证数据的安全。

数据安全是一种主动的防护措施,必须依靠可靠、完整的安全体系与安全技术来实现,主要包括以下几种技术。

1) 数据泄露保护技术

采取数据防泄漏安全的目的就是建立敏感数据的安全边界,通过采取相应的技术措施,为企业中的各种数据建立一个关于数据的安全边界。根据所部署的位置的不同,数据泄漏安全保护可以分成基于网络的数据泄漏安全保护和基于主机的数据泄漏安全保护。

基于网络的数据泄漏安全保护通常部署内部网络和外部网络区域的互联接口处,所针对的对象是进出各网络区域的所有数据。基于主机的数据泄漏安全保护则部署在存放敏感数据的主机上,当其发现被保护主机上的数据被违规转移出主机时,基于主机的数据泄露保护方案会采取拦截或警报等行为。

2) 数据加密技术

数据加密旨在帮助客户克服与部署全面的端点安全解决方案相关的挑战,通过将安全性构建在最常用的应用中,能够保护保存在任何地方的数据,从对外电子邮件、到文件服务器、直到 USB 闪速驱动器和 PDA 等可移动的存储设备。帮助企业一致地执行公司和法定安全策略。

3）数据归档技术

数据归档技术就是应对这一问题有效解决方案。和存储不同,备份用于高速复制和恢复来减少故障、人员错误或灾难的影响,数据归档的作用并不限于"恢复"一个应用程序或一个业务,还要能够方便地检索。数据归档系统的最基本目的是将历史数据安全地、低成本地存储起来,在需要时可方便地搜寻到。这种检索通常在一个文件、一份电子邮件或其信息内容中进行。因此,数据归档并不是生产数据的"复制",而是一段信息的基础版本,经常是当前失效的或不再改变的数据。实际上,当数据停止改变或不被频繁使用时,最好把它们转移到一个文档,使之存于日常的备份窗口之外,但仍能随时接入数据归档技术就是应对这一问题有效解决方案。和存储不同,备份用于高速复制和恢复来减少故障、人员错误或灾难的影响,数据归档的作用并不限于"恢复"一个应用程序或一个业务,还要能够方便地检索。数据归档系统的最基本目的是将历史数据安全地、低成本地存储起来,在需要时可方便地搜寻到。这种检索通常在一个文件、一份电子邮件或其信息内容中进行。因此,数据归档并不是生产数据的"复制",而是一段信息的基础版本,经常是当前失效的或不再改变的数据。实际上,当数据停止改变或不被频繁使用时,最好把它们转移到一个文档,使之存于日常的备份窗口之外,但仍能随时接入。

4）灾难备份技术

为了灾难恢复而对数据、数据处理系统、网络系统、基础设施、技术支持能力和运行管理能力进行备份的过程称为灾难备份。灾难备份是灾难恢复的基础,是围绕着灾难恢复所进行的各类备份工作,灾难恢复不仅包含灾难备份,更注重的是业务的恢复。

9.3.3.5 应用安全

应用安全,就是保障应用程序使用的整个生命周期过程中所有过程和结果的安全。是针对应用程序或工具在使用过程中可能出现计算、数据传输的泄露和失窃,通过相关安全工具、策略和控制流程来消除隐患。

应用安全分为如下四个部分。

1）应用开发生命周期安全

应用系统安全可按安全技术维度、生命周期维度、安全运维管理维度的三维安全架构进行规划、设计、实施和运维。

安全技术维度包括鉴别和认证、访问控制、内容安全、冗余和恢复、审计和响应技术。信息安全技术体系渗透在每一个信息资产的安全要求和保护之中。五种技术之间有相互的依赖和联系,安全技术体系主要在安全体系框架文档中阐述。

信息系统维度分别从存储、服务器、终端、操作系统、数据库、数据、应用软件等阐述应用系统各个组成部分的安全技术要求和规范。

工程生命周期维度分别从应用系统规划安全、应用系统设计安全、应用系统实施安全、应用系统运维安全等方面阐述在应用系统整个生命周期过程中的安全技术要求和规范。

2) 业务流程的安全

业务流程安全需要针对关键应用的安全性进行的评估，分析应用程序体系结构、业务流程、设计思想和功能模块，从中发现可能的安全隐患；同时包括检查应用程序开发、维护和操作流程，以及其他相关部分，包括运行平台、所使用的数据库、所提供的网络服务等。

3) 应用开发环境的安全

应用的安全还需要保障应用开发环境的安全，应用环境安全体系建设根据实施的目的和时间不同可以划分为以下三个阶段。

(1) 应用系统评估是全面了解应用系统安全现状的过程，是一个必不可少的部分，从评估可以客观地获得当前应用系统的安全现状，为下一个规范设计奠定基础。

(2) 规范设计是根据评估的结果，结合客户的自身的现状有针对性地给出应用安全规范，用以规范应用的整个生命周期。

(3) 改造实施是根据安全规范，对现有的应用系统进行安全改造，消除在评估中发现的弱点，搭建安全的应用基础平台。

4) Web 应用安全

Web 应用的各个层面都会使用不同的技术来确保安全性：为了保护客户端机器的安全，需要安装防病毒软件；为了保证用户数据传输到 Web 服务器的传输安全，通信层通常会使用 SSL(安全套接层)技术加密数据；使用防火墙和 IDS(入侵诊断系统)/IPS(入侵防御系统)来保证仅允许特定的访问，不必要暴露的端口和非法的访问都会被阻止；使用身份认证机制授权用户访问 Web 应用。

对 Web 应用的实时安全保护，应重点针对应用层的跨站、SQL 注入等常见攻击进行过滤和防御。由于部队存在大量自主开发或由开发商开发的应用来提供更为丰富的服务，但开发这些应用的团队在网络安全方面的编程经验和测试规范各不相同，因此很难保证所有应用都能够有效防范黑客的攻击。如何在不修改代码的前提下快速保护应用存在的漏洞成为部队装备保障信息系统安全应用的必要条件。

参考文献

[1] 刘海燕,刘晓民,史宝会,等.基于SOA的云计算流域模拟模型集成架构的研究[J].南水北调与水利科技,2017,15(3):20-24.

[2] 王凤萍,雍莉,滕秀红.管理信息系统技术基础及应用开发研究[M].北京:中国原子能出版社,2019.

[3] 周廷美,贺卉娟,莫易敏.基于B/S的物料管理信息系统的研究[J].现代制造工程,2018(2):24-28.

[4] 荣国平,刘天宇,谢明娟,等.嵌入式系统开发中敏捷方法的应用研究综述[J].软件学报,2014,25(2):267-283.

[5] 郑国刚.重要信息系统安全检查实施方法与技术措施[J].信息网络安全,2019(9):16-20.

[6] 叶显文.大型信息系统运行维护体系规划、建设与管理[M].北京:科学出版社,2019.

[7] 王岩.大数据中心存储信息分层分类优化提取仿真[J].计算机仿真,2020,37(4):4.

[8] 蒲玮,李雄.基于EA流程图的指挥流程信息可视化方法[J].系统工程与电子技术,2017,39(1):215-222.

[9] 朱希安,王占刚.数据可视化与挖掘技术实践[M].北京:知识产权出版社,2017.

[10] 金丽亚,王维锋,杨朝红.军事信息系统分析与设计[M].北京:电子工业出版社,2019.

[11] 周新,梁宏伟,赵彦清,等.基于ITIL的集成IT服务管理平台设计与实现[J].中国烟草学报,2018,24(4):79-85.

[12] 涂俊英,张学敏.云计算中数据信息加密安全存储仿真研究[J].计算机仿真,2017,34(12):4.

[13] 周玉笛.美国电子政务信息系统安全审计经验及启示[J].财会通讯,2021(13):147-151.

[14] 查伟.数据存储技术与实践[M].北京:清华大学出版社,2016.

[15] 孙雨生,李万蓉.国内数字图书馆信息可视化研究进展:架构体系与关键技术[J].图书馆学研究,2019(4):2-9.

[16] 于静.Java Web应用开发教程[M].2版.北京:北京邮电大学出版社,2017.

[17] 葛维春.大数据处理与存储技术[M].北京:清华大学出版社,2019.

[18] 白轶,秦利华,王思诗.基于大数据和关系型数据相融合的反应堆远程运维数据管理系统开发[J].核动力工程,2020,41(2):203-206.

[19] 高洁.大数据时代下云存储信息安全的防护——评《云存储安全——大数据分析与计算的基石》[J].中国安全生产科学技术,2019.

[20] 张春柳,宋巍,陆凌晨.基于银行网络系统浅谈信息网络系统安全评估[J].计算机应用与软件,2018,35(8):324-328.

[21] 刘江,张静.基于企业服务总线的电子战系统集成方法[J].电子信息对抗技术,2021,36(4):16-19.

[22] 侯金奎,鹿旭东,陈春雷,等.基于模型驱动的Web应用服务系统开发理论框架[J].小型微型计算机系统,2018,39(10):2345-2352.

[23] 张玉.企业信息系统运维安全审计系统研究[J].财会通讯,2022(7):142-145.

[24] 林康平,孙杨.数据存储技术[M].北京:人民邮电出版社,2017.

[25] 邹饶邦彦,张春和,何健.基于RFID技术的包装储运模式优化探析[J].包装工程,2016,37(1):39-42,93.

[26] 秦智.网络系统集成[M].北京:北京邮电大学出版社,2010.

[27] 华为公司数据管理部.华为数据之道[M].北京:机械工业出版社,2020.

[28] 李刚,黄斌,颜耀,张国政.基于云计算的海洋综合性试验船大数据处理模式探讨[J].舰船科学技术,2018,40(3):90-95.

[29] 张琦,刘帅,徐化岩,等.钢铁企业智慧能源管控系统开发与实践[J].钢铁,2019,54(10)125-133.

[30] 石双元.计算机科学与技术规划教材 Web信息系统及其开发技术[M].北京:清华大学出版社,2012.

[31] 陈美成,韦鹏程,颜蓓.面向大数据应用的数据采集技术研究[M].北京:中国原子能出版社,2019.

[32] 李鹏程,张文胜,郭栋,等.基于物联网通信协议的车辆信息系统开发[J].计算机工程与设计,2022,43(3):646-653.

[33] 黄凯,张忠华,李红艳,等.语义Web环境下多Agent系统开发方法[J].解放军理工大学学报(自然科学版),2011,12(6):599-604.

[34] 刘烃,田决,王稼舟,等.信息物理融合系统综合安全威胁与防御研究[J].自动化学报,2019,45(1):5-24.

[35] 陈凌云.可视化的美之基于R语言的大数据可视化分析与应用[M].成都:电子科技大学出版社,2019.

[36] 方奇超,刘华金.基于云平台的数据处理系统开发[J].山东农业大学学报(自然科学版),2019,50(3):438-440.

[37] 沈卫文,孙远伟.数字化船舶通信网络监测信息安全存储系统设计[J].舰船科学技术,2018(11X):3.

[38] 符长青,符晓勤,符晓兰.信息系统运维服务管理[M].北京:清华大学出版社,2015.

[39] 赵辉,基于新媒体技术条件下的信息可视化设计[J].传媒,2018(01):88-90.

[40] 陈君,主数据管理平台建设研究[J].铁道工程学报,2016,33(5):134-136.

[41] 李晨,解思江,郝颖,等.信息系统安全运行自动化手段在电力公司的探索[J].电信科学,

2017,33(S1):123-128.
- [42] 伍建军,马正鹏,杨耀.基于J2EE的项目管理信息系统设计与开发[J].制造业自动化,2022,44(4):9-12.
- [43] 葛世伦,伊隽.信息系统运行与维护[M].2版.北京:电子工业出版社,2014.
- [44] 许新来.港口企业信息系统安全架构体系建设[J].水运工程,2018(06):40-45.
- [45] 李文俊,杨学强,杜家兴.基于云计算的装备保障信息系统集成[J].计算机集成制造系统,2021,27(7):1941-1950.
- [46] KIM G,SOLOMON M G.信息系统安全基础[M].朱婷婷,陈泽茂,赵林译.北京:电子工业出版社,2019.
- [47] 张少军,谭志.计算机网络与通信技术[M].2版.北京:清华大学出版社,2017.
- [48] 易中文,胡东滨,曹文治.面向企业信息化系统集成的中台架构研究[J].科技管理研究,2021,41(1):166-174.
- [49] 杨杰.云计算在企业部署模式的研究[J].西南师范大学学报(自然科学版),2017,42(6):32-39.
- [50] 赵德勇,张国兴,吴巍屹,等.基于信息系统集成训练综述[J].飞航导弹,2017(9):65-69.
- [51] 赵琦,王丽花,樊丽娟.制药企业复杂信息系统信息集成服务接口管理设计[J].中国医药工业杂志,2020,51(2):176-182.
- [52] 陈洪雁,齐宏为,尹航.云数据中心在航天试验任务领域智能运维一体化解决方案[J].微电子学与计算机,2019(5):5.
- [53] 黄静,张静,甘甜,等.基于互联网医院的医护上门多系统集成平台研发及应用[J].护理学杂志,2022,37(5)77-79,99.
- [54] 王桂玲,韩燕波,张仲妹,等.基于云计算的流数据集成与服务[J].计算机学报,2017,40(1):107-125.
- [55] 钱洋.网络数据采集技术[M].北京:电子工业出版社,2019.
- [56] 韩承宇,鲁铮,许明阳,等.大数据监测系统在工厂智能化中的应用[J].化学工业与工程,2022,39(2):37-40,49.
- [57] 于国庆,沈飞.数据挖掘技术在医疗大数据分析中的应用——评《医疗大数据分析与数据挖掘处理研究》[J].中国科技论文,2022,17(7):847.
- [58] 邓劲生,郑倩冰.信息系统集成技术[M].北京:清华大学出版社,2012.
- [59] 石双元.计算机科学与技术规划教材 Web信息系统及其开发技术[M].北京:清华大学出版社,2012.
- [60] 秦智.网络系统集成[M].北京:北京邮电大学出版社,2010.
- [61] 柏晓莉,易先清,罗雪山,等.C4ISR系统开发的仿真模型描述研究[J].国防科技大学学报,2011,33(2):100-105.
- [62] 许怡赦,罗建辉,李铭贵.智能制造单元系统集成应用实训平台的设计与实现[J].实验技术与管理,2020,37(8):227-232.
- [63] 辛尚聪,孙晓康,李川,等.基于HBase的HLS-Ⅱ数据存档与检索系统开发[J].核技术,

2020,43(7):5.
[64] 刘梦君,姜雨薇,曹树真,等.信息安全技术在教育数据安全与隐私中的应用分析[J].中国电化教育,2019(6):123-130.
[65] 陈妍,戈建勇,赖静,等.云上信息系统安全体系研究[J].信息网络安全,2018(4):79-86.
[66] 李琳.网络存储技术及应用[M].西安:西北工业大学出版社,2017.
[67] 葛田田,谭丽菊,李铁,等.大学实验教学中数据处理系统的开发和应用[J].化学教育(中英文),2020,41(14):91-95.
[68] 鲜继清,李文娟,张媛,等.通信技术基础[M].2版.北京:机械工业出版社,2016.
[69] 李春芳,石民勇.数据可视化原理与实例[M].北京:中国传媒大学出版社,2018.
[70] 霍亮,朝乐门.可视化方法及其在信息分析中的应用[J].情报理论与实践,2017,40(4):111-116.
[71] 李华玥,郑通彦,王尅丰,等.基于地震信息的大屏可视化技术研究与应用[J].中国地震,2022,38(2):293-303.
[72] 陈强军,张明清,孔红山,等.基于CPN的信息系统安全防护能力建模方法[J].系统仿真学报,2018,30(10):3699-3709,3716.
[73] 张基温,栾英姿,王玉斐.信息系统安全[M].北京:机械工业出版社,2020.
[74] 黄锐军.数据采集技术Python网络爬虫项目化教程[M].北京:高等教育出版社,2018.
[75] 谭章禄,马营营,袁慧.煤炭大数据平台建设的关键技术及管理协同架构[J].工矿自动化,2018,44(6):16-20.
[76] 肖玮,陈性元,包义保.可重构信息安全系统研究综述[J].电子学报,2017,45(5):1240-1248.
[77] 潘琦,马志强,戴磊.数字化的后勤保障系统设计[J].中国电子科学研究院学报,2021,16(1):62-67,71.
[78] 孙卫琴.Tomcat与Java Web开发技术详解[M].3版.北京:电子工业出版社,2019.
[79] 黄大丰,黄亚锋.预警探测系统微服务开发与集成框架[J].现代雷达,2021,43(10):78-85.
[80] 杨霜英,于京杰,钱海元,等.医院外联业务集成平台设计与应用实践[J].医学研究生学报,2018,31(9):967-971.
[81] 黑马程序员.Python数据分析与应用——从数据获取到可视化[M].北京:中国铁道出版社,2019.
[82] 尹安.舰艇综合信息服务系统的设计与实现[J].中国舰船研究,2021,16(4):217-223.
[83] 闻思源.管理信息系统开发技术基础Java[M].北京:电子工业出版社,2020.
[84] 羊柳,徐亚栋,顾晓艳,等.基于知识重用的火炮快速设计原型系统开发[J].弹道学报,2020,32(4):91-96.
[85] 许力.应用智能运维实践[M].北京:电子工业出版社,2021.
[86] 文哲,何正伟,辛旭日,等.基于云计算的海事信息处理模式[J].中国航海,2016,39(2):50-54.
[87] 刘海,张瞩熹,任雯,等.面向异构数据源的分布式集成工具研究与设计[J].计算机应用

研究,2020,37(S1):204-206.

[88] 吴文李,范小朋,周庚申,等.面向企业生产集成系统的物料推荐系统[J].中国机械工程,2019,30(15):1856-1865.

[89] 安健,陈飞飞,赵文,等.基于信息集成平台的互联网医院信息系统探索[J].中国医院管理,2020,40(10):85-87.

[90] 彭冬.智能运维——从0搭建大规模分布式AIOps系统[M].北京:电子工业出版社,2018.

[91] 陈燕,李桃迎.信息系统集成技术与方法教程[M].大连:大连海事大学出版社,2015.

[92] 赵旻.IT基础架构系统运维实践[M].北京:机械工业出版社,2018.

[93] 高秀峰.军事信息技术基础[M].北京:电子工业出版社,2017.

[94] 黄晶,刘大有,杨博,等.基于中间件的Web智能系统集成开发平台[J].吉林大学学报(工学版),2008(1):116-122.

[95] 苏东梅.船舶云计算数据中心高密度信息安全存储方法研究[J].舰船科学技术,2019(20):3.

[96] 石军.信息安全隐患展示系统的研究与开发[J].现代电子技术,2017,40(8):11-13,18.

[97] 陈鹏.疫情信息可视化系统[J].装饰,2022(4):145.

[98] 朱剑刚,吴智慧,黄琼涛.家具制造企业信息集成平台构建技术研究[J].林业工程学报,2019,4(3):145-151.

[99] 黄杰.信息系统安全[M].杭州:浙江大学出版社,2019.

[100] 王瑞,李青,赵倩.基于SOA与Web Service的飞机保障信息系统集成[J].计算机工程,2018,44(1):91-97.

[101] 曹化宇.Java与Android移动应用开发技术、方法与实践[M].北京:清华大学出版社,2018.

[102] 陈为,沈则潜,陶煜波.数据可视化[M].2版.北京:电子工业出版社,2019.

[103] 吕赫.动车组车载信息处理及可视化技术研究[J].铁道机车车辆,2022,42(3):72-76.

[104] 马权,周继松.Java Web应用开发[M].重庆:重庆大学出版社,2020.

[105] 邹国荣,李宗泽.基于"系统集成"的信息化内部控制研究——以A电力企业为例[J].会计之友,2021(24):138-143.

[106] 高岭,林凯,李增智.面向C/S和对象Web的管理信息系统开发研究[J].小型微型计算机系统,2001,22(2):4.

[107] 刘鹏,张燕,何光威.大数据可视化[M].北京:电子工业出版社,2018.

[108] 叶鑫,董路安,宋禹.基于大数据与知识的"互联网+政务服务"云平台的构建与服务策略研究[J].情报杂志,2018,37(2):154-160,153.

[109] 胡晓磊."云化+生态"助力银行数字化转型[J].中国金融,2017(20):2.

[110] 李东华,沈文轩,张媛媛.基于模型的企业多Agent系统开发方法[J].计算机工程,2007(11):282-285.

[111] 张基温.信息系统安全教程[M].3版.北京:清华大学出版社,2017.

[112] 甘启宏,冯鸟东,崔亚强,等.信息可视化在高校教室信息发布中的应用[J].计算机应用,2017,37(S2):255-258.